Faouzi Bahloul

Etude des FMAS et de leurs applications aux systèmes de communications

Faouzi Bahloul

Etude des FMAS et de leurs applications aux systèmes de communications

Optique linéaire et non linéaire

Presses Académiques Francophones

Mentions légales / Imprint (applicable pour l'Allemagne seulement / only for Germany)
Information bibliographique publiée par la Deutsche Nationalbibliothek: La Deutsche Nationalbibliothek inscrit cette publication à la Deutsche Nationalbibliografie; des données bibliographiques détaillées sont disponibles sur internet à l'adresse http://dnb.d-nb.de.

Toutes marques et noms de produits mentionnés dans ce livre demeurent sous la protection des marques, des marques déposées et des brevets, et sont des marques ou des marques déposées de leurs détenteurs respectifs. L'utilisation des marques, noms de produits, noms communs, noms commerciaux, descriptions de produits, etc, même sans qu'ils soient mentionnés de façon particulière dans ce livre ne signifie en aucune façon que ces noms peuvent être utilisés sans restriction à l'égard de la législation pour la protection des marques et des marques déposées et pourraient donc être utilisés par quiconque.

Photo de la couverture: www.ingimage.com

Editeur: Presses Académiques Francophones est une marque déposée de
Südwestdeutscher Verlag für Hochschulschriften GmbH & Co. KG
Heinrich-Böcking-Str. 6-8, 66121 Sarrebruck, Allemagne
Téléphone +49 681 37 20 271-1, Fax +49 681 37 20 271-0
Email: info@presses-academiques.com

Produit en Allemagne:
Schaltungsdienst Lange o.H.G., Berlin
Books on Demand GmbH, Norderstedt
Reha GmbH, Saarbrücken
Amazon Distribution GmbH, Leipzig
ISBN: 978-3-8381-8976-5

Imprint (only for USA, GB)
Bibliographic information published by the Deutsche Nationalbibliothek: The Deutsche Nationalbibliothek lists this publication in the Deutsche Nationalbibliografie; detailed bibliographic data are available in the Internet at http://dnb.d-nb.de.

Any brand names and product names mentioned in this book are subject to trademark, brand or patent protection and are trademarks or registered trademarks of their respective holders. The use of brand names, product names, common names, trade names, product descriptions etc. even without a particular marking in this works is in no way to be construed to mean that such names may be regarded as unrestricted in respect of trademark and brand protection legislation and could thus be used by anyone.

Cover image: www.ingimage.com

Publisher: Presses Académiques Francophones is an imprint of the publishing house
Südwestdeutscher Verlag für Hochschulschriften GmbH & Co. KG
Heinrich-Böcking-Str. 6-8, 66121 Saarbrücken, Germany
Phone +49 681 37 20 271-1, Fax +49 681 37 20 271-0
Email: info@presses-academiques.com

Printed in the U.S.A.
Printed in the U.K. by (see last page)
ISBN: 978-3-8381-8976-5

بِسْمِ اللَّهِ الرَّحْمَنِ الرَّحِيمِ

وَقُل رَّبِّ زِدْنِي عِلْمًا ﴿١١٤﴾

صَدَقَ اللَّهُ الْعَظِيمُ

A

Mon père   à ma mère,
A ma femme, à mon fils Faez,
A mes frères, à ma sœur,
A toute ma famille
Et à ceux que
J'aime.

REMERCIEMENTS

Je tiens à exprimer particulièrement ma gratitude à Monsieur **Rabah ATTIA** qui a dirigé cette thèse avec une disponibilité de tous les instants. Il a guidé mes travaux avec patience et sérieux tout au long de la préparation de cette thèse, et a bien voulu me faire bénéficier de sa très riche expérience de recherche.

Je suis très reconnaissant à Monsieur **Mourad ZGHAL**, qui m'a fait profiter de ses compétences étendues tout au long de ce travail. L'expérience et le soutien constant qu'il m'a offerts, l'enthousiasme communicatif avec lequel il a participé à cette étude m'ont toujours été très précieux.

Je remercie Monsieur **Dominique PAGNOUX**, chargé de recherche CNRS au département photonique de XLIM nouvelle appellation de l'IRCOM « Institut de Recherches en Communications Optiques et Microondes » à Limoges, pour son accueil chaleureux et avec qui les discussions scientifiques ont toujours été très enrichissantes et fructueuses. Sa grande expérience dans le domaine des fibres de nouvelle génération a été pour moi d'une aide inestimable.

Je ne saurais oublier l'ensemble des membres de l'IRCOM pour leur collaboration. Je citerai plus particulièrement

Monsieur **Philippe ROY** pour le soin qu'il a apporté à la préparation des manipulations et ses conseils bénéfiques pendant les expériences. Ses remarques m'ont été très utiles.

Mes sincères remerciements à Monsieur **Pieter L. SWART** directeur du « Center for Optical Communications and Sensors » de l'université de Johannesbourg en Afrique du Sud pour sa riche collaboration, son accueil chaleureux, l'intérêt et la grande disponibilité apportés durant mes séjours.

J'exprime ma profonde gratitude à Monsieur **Ammar BOUALLEGUE**, directeur du laboratoire Syscom, pour le soutien financier de mes séjours. Ses qualités scientifiques et humaines m'ont toujours impressioné.

Je tiens à témoigner ma sincère gratitude et adresser mes vifs remerciements à Monsieur **Habib ZANGAR**, professeur à la faculté de sciences de Tunis et directeur de l'ISET Charguia en acceptant de présider le jury.
Mes remerciements vont aussi à Monsieur **Azzedine BOUDRIOUA**, maître de conférences au laboratoire Matériaux optiques Photoniques et Systèmes de l'université de Metz et Supélec et Madame **Houria REZIG**, maître de conférences à l'école nationale d'ingénieurs de Tunis, qui ont onccepté la tâche de rapporteur de ce travail.

Pour terminer je remercie sincèrement Laurent LABONTÉ, Rihab CHATTA, Anis AJENGUI, Mehdi AMMAR et Rim CHERIF pour leurs suggestions et leurs discussions.

Je remercie également mes collègues : Hafedh ZAYANI, Zouhaier BEN JEMAA et Ons BEN RHOUMA pour leurs aides pendant mes séjours.

Je voudrais enfin remercier mes amis et tous ceux qui ont contribué, d'une façon où d'une autre, à la réalisation de ce travail.

Merci

LISTE DE PUBLICATIONS

Publications dans des revues internationales

1. L. Labonté, D. Pagnoux, P. Roy, F. Bahloul, M. Zghal, "Numerical and experimental analysis of the birefringence of large air fraction slightly unsymmetrical holey fibres", Optics Communications, Vol. 262, pp. 180-187, 2006.

2. L. Labonté, D. Pagnoux, P. Roy, F. Bahloul, M. Zghal, G. Melin, E. Burov, G. Renversez, "Accurate measurement of the cutoff wavelength in a microstructured optical fiber by means of an azimutal filtering technique", Optics Letters, Vol. 31, N° 12, pp. 1779-1781, 2006.

3. M. Zghal, F. Bahloul, R. Attia, R. Chatta, D. Pagnoux, P. Roy, Y. Bousslimani, "Analyse des effets des imperfections géométriques sur la biréfringence des fibres microstructurées", IEEE Canadian Review, N°54, 2007.

Communications dans des conférences internationales

4. R. Chérif, M. Zghal, F. Bahloul, P.L. Swart, "Experimental and Numerical Analysis of Coupling Losses between Single Mode Fibre and Microsructure Fibre", 12th International Conference on Electronics, Circuits and Systems, 11-14 December, Gammarth, Tunisia, pp. 51-54, 2005.

5. R. Attia, D. Pagnoux, M. Zghal, M. Ammar, R. Chatta, A Smaoui, F. Bahloul, R. Cherif, L. Labonté, S. Hilaire et P. Roy "Les fibres optiques de nouvelle génération : performances et limites," 18ème Colloque International Optique Hertzienne et Diélectrique, pp. 255-262, 6-8 September, Hammamet, Tunisia, 2005.

6. F. Bahloul, P.L. Swart, M. Zghal, R. Attia, "Simulation and characterization of supercontinuum generation in photonic crystal fibres", 50th annual Conference South African Institute of Physics, 4-7 July, Pretoria South Africa, p. 62, 2005.

7. F. Bahloul, P.L. Swart, M. Zghal, D. Schmieder, R. Attia, "Supercontinuum generation in microstructure optical fiber with two zero dispersion wavelengths", in Proc. 4th

IEEE/LEOS Workshop on Fibres and Optical Passive Components, pp. 32-35, 22-24 June, Palermo, Italy, 2005.

8. F. Bahloul, M. Zghal, R. Chatta, R. Attia, D. Pagnoux, P. Roy, "Misalignment Loss at Hybrid Standard Single Mode Fibre/Microstructured Optical Fibre Connections", Proc. of Spie, Vol. 5830, pp. 536-540, 2005.

9. F. Bahloul, M. Zghal, R. Chatta, R. Attia, D. Pagnoux, P. Roy, "A vector beam propagation method for microstructured optical fibres", Proc. IEEE-ICIT2004, 8-10 Dec., Vol. 1, pp. 246 - 249, Tunisia, 2004.

10. L. Labonté, F. Bahloul, P. Roy, D. Pagnoux, J. M. Blondy, J. L. Auguste, G. Melin, L. Gasca, M. Zghal, "Experimental and numerical analysis of the birefringence into microstructured optical fibres", Paper Mo4.3.3, 30th ECOC European Conference on Optical Communication, September 5-9, Stockholm, Sweden, 2004.

11. M. Zghal, F. Bahloul, R. Chatta, R. Attia, D. Pagnoux, P. Roy, G. Melin, L. Gasca, "Full vector modal Analysis of microstructured optical fibre propagation characteristics", Proc. of Spie, Vol. 5524, pp. 313-322, 2004.

12. F. Bahloul, M. Zghal, R. Chatta, R. Attia, "Modelling microstructured optical fibers", Proc. IEEE-EURASIP ISCCSP, pp. 647-650, 2004.

Communications dans des conférences nationales

13. F. Bahloul, M. Zghal, R. Chatta, R. Attia, "Modélisation des Fibres Microstructurées Air Silice par la méthode de Galerkin", 3èmes Journées Tunisiennes d'Eléctronnique et d'Automatique, pp.11-16, 2004.

14. F. Bahloul, M. Zghal, R. Chatta, R. Attia, "Les Fibres microstructurées air/silice : une nouvelle génération de guides optiques", 4èmes Journées Scientifiques, Borj El Amri, Vol. 1, pp. 70-75, 2003.

TABLE DE MATIERES

LISTE DES FIGURES

Liste des Tableaux

CARACTERISTIQUES DES FIBRES UTILISEES

Section transverse	FMAS	d(μm)	Λ(μm)	d/Λ
	FMAS1	1.46	2.15	0.68
	FMAS2	1.4	2	0.7
	FMAS3	1.8	2.26	0.8
	FMAS4	2.2	2.4	0.92
	FMAS5	1.8	2.4	0.75
	FMAS6	1.4	2.3	0.6
	FMAS7	1.9	2.4	0.79
	FMAS8	2	3.3	0.61
	FMAS9	4.2	9.5	0.44
	FMAS10	1.75	2.25	0.77
	FMAS11	1.5	3.2	0.47
	FMAS12	0.88	1.39	0.63

Introduction Générale

Depuis quelques années, les télécommunications optiques ont permis de répondre au besoin de plus en plus important en terme de débit de communication destiné à l'échange de données, d'images et de sons (Internet, TV, etc.) en explorant notamment deux directions complémentaires qui sont la conception et la réalisation de fibres optiques aux performances optimisées pour le haut débit, et de nouvelles fibres aux propriétés permettant de mettre à jour les réseaux déjà en place.

Dans ce contexte, une thématique de recherche a été développée autour de la conception, fabrication et caractérisation de fibres optiques de nouvelle génération et notamment depuis 1996 des Fibres Microstructurées Air Silice (FMAS). Ces FMAS représentent une nouvelle voie pour obtenir des fibres possédant des propriétés originales. Aussi appelées fibres à cristaux photoniques, ou fibres à trous, nous allons tout au long de ce rapport utiliser le terme générique FMAS pour représenter un guide d'ondes fibré obtenu au moyen de trous ordonnés ou désordonnés autour d'un coeur solide. Ces fibres guident la lumière en utilisant le principe de réflexion totale interne comme pour les fibres optiques classiques. Une autre approche a également été développée avec la conception et la réalisation de fibre à cœur d'air où le principe physique de guidage de la lumière repose alors sur l'effet de bande interdite photonique.

Diverses applications des FMAS ont dernièrement vu le jour comme dans le domaine des amplificateurs optiques et des lasers et en permettant la réalisation de fibres multi cœurs et de fibre à cœur de grande dimension. En outre, ces structures offrent de larges possibilités d'applications dans le domaine de l'optique non linéaire et des capteurs par la possibilité offerte de remplir les canaux d'air avec des liquides, des gaz, des atomes, etc. Ces FMAS offrent également une large possibilité d'applications dans le domaine du transport de faisceaux optiques de fortes énergies. En télécommunications, leurs propriétés en terme de dispersion chromatique couplées à des effets non linéaires quasi nuls, permettront certainement de dépasser les limites technologiques des systèmes actuels.

Depuis la présentation de la première FMAS par Knight et al. en 1996, le développement des techniques de fabrication a permis d'amener cette technologie à maturité. Aujourd'hui, de nombreuses géométries de fibre utilisant aussi bien un guidage par réflexion interne totale que les bandes interdites photoniques sont disponibles commercialement. Parallèlement au développement d'outils de simulation, les recherches dans ce domaine s'orientent aujourd'hui vers l'utilisation de ces fibres dans les systèmes optiques.

L'objet de ce travail de thèse est l'étude théorique et expérimentale des propriétés optiques des FMAS et l'évaluation de leur potentiel en vue de leurs applications aux systèmes de télécommunications optiques. Il s'agira dans un premier temps de mettre au point les méthodes numériques nécessaires à la conception et à la modélisation de ces fibres, en vue de définir les structures les plus performantes. Un autre volet consistera à étudier la dépendance des propriétés optiques des FMAS de leurs paramètres et des imperfections géométriques et d'en tirer des conclusions pouvant être utiles aux fabricants. L'étude comportera aussi un volet expérimental couvrant la caractérisation des FMAS réalisées au cours de la thèse.

Ce travail a été mené dans le cadre d'une collaboration englobant un certain nombre de laboratoires et de centres de recherches. Il s'agit du laboratoire SYS'COM (Systèmes de Communications) de l'ENIT (Ecole Nationale d'Ingénieurs de Tunis), de l'unité de recherche CIRTA'COM (Circuits et Techniques Avancées des Systèmes de Communications) de SUP'COM (Ecole Supérieure des Communications de Tunis) en Tunisie, le département photonique de XLIM la nouvelle appellation de l'IRCOM (Institut de Recherches en Communications Optiques et Micro-ondes), Alcatel Research & Innovation Marcoussis en France et le COCS (Center for Optical Communications and Sensors) de l'université de Johannesbourg en Afrique du Sud. Ces travaux de recherche, ont bénéficié du soutien financier du Ministère de l'Enseignement Supérieur, de la Recherche Scientifique et de la Technologie, de l'Agence Universitaire de la Francophonie (AUF), de l'African Laser Center (ALC) et de la Société Tunisienne d'Optique (STO).

Dans le premier chapitre, nous donnerons un aperçu des FMAS, ainsi qu'un état de l'art de ce domaine. Nous présentons les propriétés de propagation les plus remarquables, à savoir la dispersion chromatique ajustable, le comportement indéfiniment monomode, l'effet non linéaire flexible et le contrôle de polarisation ainsi que les applications potentielles de ce type de fibres. Nous allons également présenter un bref aperçu sur les techniques de fabrication de ces FMAS.

Nous décrirons dans le second chapitre les outils de modélisation spécifiquement adaptés à ce type de fibre et que nous avons développés. Ces modèles permettent de prévoir les propriétés optiques modales et propagatives de ces fibres. Pour ce faire, nous avons développé la méthode de Galerkin (MG) qui a été comparée à la Méthode des Eléments Finis (MEF). Nous avons également développé la méthode du faisceau propagé vectorielle approchée par les différences finies FD-VBPM (Finite Difference Vectorial Beam Propagation Method) pour simuler la propagation du champ dans ces fibres.

Nous consacrerons le troisième chapitre à l'étude numérique et expérimentale des propriétés optiques des FMAS tout en mettant l'accent sur deux propriétés intéressantes à savoir la biréfringence et la longueur d'onde de coupure du second mode des FMAS réelles. Dans un premier temps, nous mesurerons la biréfringence de groupe de différentes FMAS fabriquées à l'IRCOM et à Alcatel à l'aide d'un banc que nous avons monté. Parallèlement, nous calculerons la biréfringence de phase de ces fibres en tenant compte de leur section droite réelle. Nous en déduirons la biréfringence de groupe que nous comparerons aux résultats de nos mesures. Grâce à l'analyse des résultats de mesures et de simulations, nous chercherons à expliquer l'origine de biréfringences anormalement élevées, relevées dans différentes FMAS. Dans un second temps, nous présenterons une méthode originale basée sur l'analyse azimutale du champ lointain émergeant de la fibre sous test. Afin de faciliter l'usage de cette méthode au cas des FMAS, nous déterminons par simulation le critère de mesure de la longueur d'onde de coupure.

Un ensemble de résultats de simulations et de mesures concernant les pertes aux raccordements entre les fibres standard et les FMAS, est donné dans le quatrième chapitre. L'objectif est en particulier d'identifier la dépendance des pertes aux raccordements aux paramètres optogéométriques ainsi qu'aux défauts de raccordement. Cette étude nous aidera à concevoir des structures de FMAS qui permettent d'obtenir les pertes de couplage minimales.

Enfin, ces FMAS sont mises à profit expérimentalement dans le cinquième chapitre où la génération de supercontinuums est démontrée et analysée, en régime nanoseconde. Nous essayons de fournir une description physique de la dynamique de formation de ce continuum tout en mettant l'accent sur les propriétés optiques des FMAS qui interviennent dans la génération du supercontinuum. Une conclusion regroupant les principaux résultats obtenus ainsi que des perspectives pour ce travail va clôturer ce rapport.

Chapitre I Généralités sur les FMAS

I. Introduction

Ce chapitre a pour objectif de présenter une nouvelle classe de fibres optiques : les Fibres Microstructurées Air Silice (FMAS). Dans un premier temps, nous ferons un bref rappel historique et une description de la géométrie complexe des FMAS qui va nous conduire à expliquer le mécanisme de guidage de la lumière. Nous présenterons ensuite quelques originalités de ces fibres telles que le caractère indéfiniment monomode, la dispersion chromatique ajustable, le contrôle de la non linéarité et de la polarisation. Ensuite, nous montrons la dépendance de ces propriétés optiques aux paramètres géométriques des FMAS. Enfin, nous nous intéressons aux diverses applications ainsi qu'aux techniques de fabrication de ces fibres.

II. Présentation des FMAS

II.1 Historique

Le concept des cristaux photoniques est né en *1987* à la faveur des travaux d'Eli Yablonovitch [1-2-3]. L'analogie théorique entre les électrons et les photons a poussé les chercheurs à vouloir concevoir des matériaux et des structures où les bandes interdites ne concernaient plus les électrons mais les photons. Á l'image des structures des cristaux de semi conducteur, ces matériaux sont constitués par des empilements de petites billes, de cylindres ou encore de mini poutres, etc. permettant d'obtenir une modulation périodique de l'indice de réfraction. Cette variation de l'indice de la structure reproduit le concept de bande interdite familier aux semi conducteurs. Les cristaux photoniques sont donc des structures capables de réfléchir la lumière ou plus exactement une certaine gamme de longueur d'onde qui ne pourrait jamais pénétrer au cœur des matériaux. Les propriétés optiques des cristaux photoniques deviennent encore plus intéressantes lorsque l'on brise localement la symétrie de la structure. L'insertion intentionnelle de défauts dans la maille cristalline permet de piéger la lumière.

En *1991*, P. St. J. Russell, professeur à l'université de Southampton, proposa le concept de fibres optiques à bande interdite photonique (BIP) mais ce n'est qu'en *1995* que la première fibre à BIP voit le jour [4]. Le concept est basé sur la répartition homogène de trous dans une structure fibrable. Les fibres à BIP sont constituées d'un arrangement régulier de trous d'air qui courent le long de la fibre. On obtient alors un miroir de Bragg à deux dimensions ou fibre à cristal photonique. La taille et la répartition des trous permettent de déterminer la bande de longueur d'onde et les angles d'incidence pour lesquels la lumière est réfléchie, ce qui définit la bande interdite photonique.

En *1996*, la première fibre fabriquée par Knight et al., dans le centre de recherches d'optoélectronique de l'université de Southampton, dans le but d'obtenir un guidage par effet BIP au sein d'un cristal air/silice était constituée d'un barreau de silice entouré de petits trous d'air de diamètre environ *0.6μm* espacés d'environ *2.3μm*. Le guidage d'un mode unique a pu y être observé pour des longueurs d'onde comprises entre *458* et *1550nm* [4]. Mais une analyse précise a permis de montrer que le guidage de ce mode unique n'était pas lié à la présence de BIP notamment à cause de la trop faible proportion d'air dans la gaine. En fait, l'indice effectif de la gaine, résultant d'une pondération entre l'indice de l'air et celui de la silice, est inférieur à l'indice du cœur constitué de silice pure. Le guidage observé est alors simplement produit par réflexion totale interne (RTI) entre le cœur et la gaine microstructurée.

Aujourd'hui plusieurs laboratoires dans le monde s'intéressent à ce type de fibres. Elles ont ainsi suscité un très grand nombre d'études depuis près d'une dizaine d'années allant de la mise en place de méthodes de modélisation jusqu'à l'exploitation de leurs propriétés originales [5]. Plusieurs compagnies commerciales comme Crystal fibers (Danemark) [6-7] et Redfern Polymer Optics (Australie) [8] etc commercialisent ces produits.

II.2 Géométrie d'une FMAS

Les fibres microstructurées sont constituées d'un arrangement de trous (généralement d'air) sur la section transverse de la fibre [9]. Cette structure est supposée être invariante le long de l'axe de la fibre. Les paramètres qui caractérisent cet arrangement et déterminent leurs propriétés optiques sont définis à la Fig.I.1. Les deux paramètres principaux sont l'écartement entre les centres de deux trous adjacents (pas ou pitch) Λ et le diamètre du trou d qui permettent de définir le rapport d/Λ correspondant à la fraction d'air présente dans la fibre. Le nombre de rangées ou de couronnes de trous utilisé pour former la gaine microstructurée (zone de silice contenant les trous) est également un critère important pour réduire les pertes de guidage. La Fig.I.1 schématise une coupe transverse d'une fibre FMAS où les trous d'air sont arrangés en réseaux triangulaires. La gaine microstructurée contient deux couronnes de trous d'air. En effet, la disposition des trous peut être sous forme triangulaire, hexagonale ou aléatoire. La région centrale est considérée comme un cœur optique. Elle est caractérisée par l'absence d'un trou au centre de la structure.

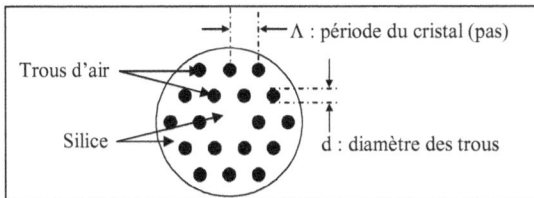

Fig.I.1: Représentation schématique de la microstructure d'une section de fibre faisant apparaître les paramètres d et Λ.

Il existe deux types de fibres microstructurées dont les mécanismes de guidage diffèrent suivant la nature du cœur. Les fibres à bande interdite photonique ou les fibres à cristaux photoniques, constituées d'un cœur creux, présentent un mécanisme de guidage par bande interdite photonique. Pour les FMAS, le cœur est solide et le guidage se fait par réflexion totale interne. Un exemple de ces fibres est présenté à la Fig.I.2.b. Nous nous sommes intéressés le long de ce travail à l'étude de ce dernier type de fibre.

Dans les deux cas, le guidage est lié à la microstructure des fibres plutôt qu'à la différence de composition chimique entre la gaine et le cœur. Les FMAS diffèrent des fibres conventionnelles par leur profil d'indice et leur fort contraste d'indice. La présence de trous, ordonnés ou pas [11], diminue l'indice de réfraction effectif de la gaine, confinant plus ou moins fortement la lumière dans le cœur solide. L'indice effectif de la gaine varie très fortement en fonction de la longueur d'onde, ce qui génère des propriétés spectrales uniques. Suivant l'arrangement des trous, il est possible de modifier «à la carte» leurs propriétés de comportement modal, de dispersion chromatique et de non linéarité. Les FMAS ouvrent ainsi la voie à une ingénierie de la dispersion, de la polarisation et de la non linéarité. Le développement de fibres microstructurées en matériaux non silice (plomb silice, tellurite, bismuth oxyde) a été tenté récemment en raison des propriétés non linéaires de ces matériaux [12 , 13 , 14]. Des fibres ont également été réalisées en polymère [15].

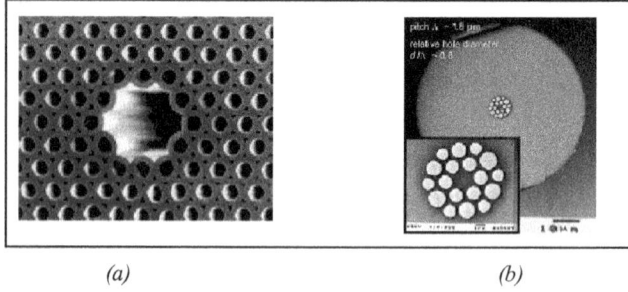

(a)   (b)

Fig.I.2 : Sections de fibres microstructurées en silice. (a) fibre à bande interdite photonique.
(b) FMAS à cœur solide [10]

II.3 Guidage par réflexion interne totale modifiée

Si la périodicité des canaux d'air est localement détruite (omission d'un trou), la région correspondante constitue un cœur en silice d'indice constant et supérieur à celui de la gaine microstructurée. De cette façon, l'indice de la gaine peut être vu comme un milieu uniforme d'indice effectif équivalent n_{eff}. Cet indice est égal à l'indice effectif du mode fondamental transmis dans un espace illimité identique à cette gaine en se propageant parallèlement à l'axe des canaux d'air. La FMAS peut être approchée par une fibre à saut d'indice équivalente qui guide suivant le principe classique de réflexion totale interne. Pour mieux comprendre comment la lumière peut-être confinée dans le cœur de la fibre microstructurée, il serait utile de rappeler le principe de guidage à l'intérieur de la fibre standard. Le mécanisme qui permet de piéger la lumière dans le cœur est dû à un indice de réfraction effectif dans la gaine de la fibre plus faible que celui du cœur. Dans une fibre conventionnelle, la réflexion totale interne est assurée par la condition suivante :

$$kn_g < \beta < kn_c \qquad (I.1)$$

Avec n_c et n_g désignant respectivement les indices du cœur et de la gaine, β et k sont respectivement la constante de propagation et le vecteur d'onde. Autrement dit, l'onde guidée possède une certaine valeur de la constante de propagation β autorisée dans le cœur mais interdite dans la gaine. Dans une FMAS, cette condition est encore valable. Les modes guidés dans le cœur en silice sont les modes ayant une constante de propagation β vérifiant la condition (I.2).

$$\beta_{gaine\,max} < \beta < kn_{silice} \qquad (I.2)$$

$\beta_{gainemax}$ peut-être définie comme la constante de propagation du mode fondamental existant dans la gaine microstructurée de dimensions infinies, en l'absence de site de défaut. Par conséquent, il est clair que le guidage dans la FMAS est assuré par le principe de la réflexion totale interne étant donné que l'indice du cœur est plus grand que l'indice effectif de la gaine microstructurée [16].

III. Propriétés des FMAS

III.1 Caractère indéfiniment monomode

Une propriété importante des FMAS est qu'elles peuvent être monomodes sur un large domaine spectral, voire quelle que soit la longueur d'onde. Lorsque la longueur d'onde devient plus courte, il se trouve que l'indice effectif du matériau va se rapprocher de la celui de la silice pleine. En effet, plus la longueur d'onde augmente plus le champ électromagnétique va pouvoir s'étendre dans la silice autrement dit plus l'onde va pouvoir s'infiltrer facilement entre les trous et « voir » un matériau proche de la silice pleine. Comme l'indice effectif du matériau de gaine se rapproche d'autant plus de celui du cœur de silice que la longueur d'onde est courte, la fibre reste finalement monomode pour toute longueur d'onde.

La diminution de l'écart entre les deux indices permet de s'opposer à la décroissance de la longueur d'onde, garantissant une transmission monomodale à large bande. Une analyse numérique a mis en évidence que la fréquence normalisée effective V_{eff} varie proportionnellement en fonction du rapport $\sqrt{d}/\Lambda$ lorsque la longueur d'onde est petite.

$$V_{eff} = \frac{2\pi a}{\lambda}\sqrt{n_c^2 - n_{eff}^2} \qquad (I.3)$$

Ainsi, il suffit de réaliser des trous de faible diamètre ou un pitch Λ suffisamment grand pour maintenir V_{eff} en dessous de *2.405* (fréquence de coupure du mode fondamental pour les fibres standard) et assurer un guidage selon un seul mode. La valeur seuil de V_{eff} dépend du choix du rayon du cœur que certains auteurs ont défini comme étant égal à la période Λ du cristal photonique. Dans ce cas, la fréquence de coupure a été évaluée à environ *4.1* pour des fibres microstructurées ayant un rapport *d/Λ* inférieur à *0.4*. D'autres ont préféré conserver la valeur de *2.405* pour la fréquence de coupure du second mode en déterminant un nouveau rayon de cœur équivalent. Ce rayon de cœur équivalent est évalué à *0.64Λ* si *d/Λ* est inférieur à *0.4* [17]. Au-dessus de cette valeur de *d/Λ*, la FMAS devient multimode. Nous avons opté, dans nos simulations pour un rayon du cœur *a=0.64Λ*. Nous avons utilisé la méthode de Galerkin, qui sera détaillée dans le prochain chapitre, pour simuler le caractère modal des FMAS en fonction de leurs paramètres optogéométriques. Nous avons pu obtenir le domaine monomode d'une telle FMAS comme illustré dans la Fig.I.3. Nous distinguons trois régions : comportement indéfiniment monomode, monomode et multimode. Pour *d/Λ≤0.4*, la FMAS est indéfiniment monomode quel que soit le rapport *λ/Λ*. Dés que *d/Λ>0.4*, la fibre subit les mêmes conditions du comportement modal qu'une fibre conventionnelle, à savoir la dépendance en longueur d'onde. Il existe alors un écartement *Λ* maximum à ne pas dépasser pour rester monomode à une longueur d'onde donnée [18-19].

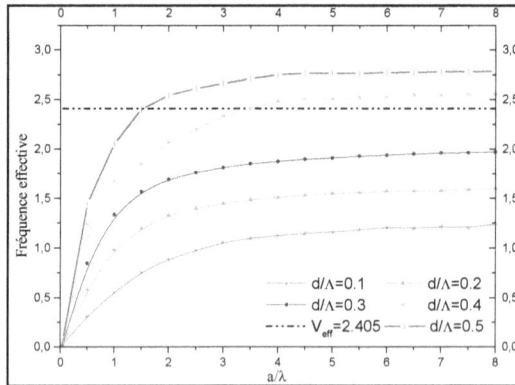

Fig.I.3 : Comportement modal des FMAS en fonction de a/λ pour différents d/Λ [20].

Nous avons examiné la répartition modale dans une FMAS caractérisée par *d=1.8μm* et *Λ=2.4μm* et nous avons montré qu'elle est monomode à *1550nm* et bimode à *980nm* comme illustré dans la Fig. I.4.

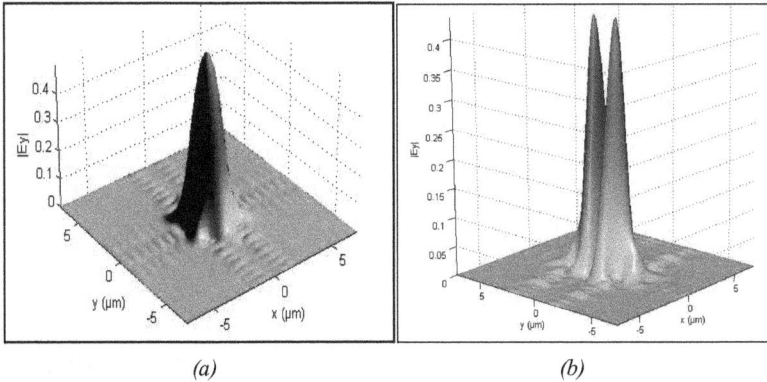

(a)   (b)

Fig.I.4 : (a) Distribution du mode fondamental pour une FMAS (d=1.8μm; Λ=2.4μm) pour

λ=1550nm (b) Distribution modale pour la même FMAS pour λ=980nm [21].

III.2 Dispersion chromatique

Lorsqu'une impulsion se propage en régime linéaire dans une fibre optique, elle subit un phénomène de dispersion qui se traduit par un étalement temporel de celle-ci. Dans une fibre optique, la dispersion chromatique D_c est principalement la somme de deux contributions : la dispersion du guide D_G et la dispersion du matériau D_M.

$$Dc=DM+DG \qquad (I.4)$$

La dispersion du matériau se traduit par le fait que la silice, qui compose majoritairement la fibre, possède un indice optique qui varie en fonction de la longueur d'onde. Cette dépendance de l'indice de réfraction en fonction de la longueur d'onde induit une modification de la vitesse de groupe propre au milieu et doit être incluse dans les lois de propagation de la lumière dans le guide.

Concernant la dispersion du guide, étant donné que le fait que les ondes se propagent dans un guide et non dans un milieu illimité entraîne une dépendance de la constante de propagation en fonction de la longueur d'onde. Cette influence du guidage correspond à une nouvelle contribution à l'évolution spectrale des temps de groupe. La dispersion chromatique est généralement obtenue par la relation :

$$D_c = - \frac{\lambda}{c} \frac{d^2 n_{eff}}{d\lambda^2} \qquad (I.5)$$

Où n_{eff} est l'indice effectif du mode guidé et c est la vitesse de la lumière dans le vide.

La dérivée seconde de l'indice effectif est obtenue grâce à une dérivation numérique. A une longueur d'onde donnée λ_0, la dérivée seconde de $n_{eff}(\lambda)$ est calculée à partir de la valeur de $n_{eff}(\lambda_0)$ et de quatre autres valeurs de l'indice effectif situées de part et d'autre de $n_{eff}(\lambda_0)$ et régulièrement espacées d'un intervalle spectral $\Delta\lambda$. Nous avons fixé dans nos calculs de discrétisation en longueur d'onde $\Delta\lambda$ à *25nm*. L'expression de la dérivation numérique à $\lambda = \lambda_0$ est la suivante :

$$
\left. \frac{d^2 n_{eff}}{d\lambda^2} \right|_{\lambda=\lambda_0} \approx \frac{1}{24(\Delta\lambda)^2} \left(-2n_{eff}\left(\lambda_0 + 2\Delta\lambda\right) + 32n_{eff}\left(\lambda_0 + \Delta\lambda\right) - 60n_{eff}\left(\lambda_0\right) \right.
$$
$$
\left. + 32n_{eff}\left(\lambda_0 - \Delta\lambda\right) - 2n_{eff}\left(\lambda_0 - 2\Delta\lambda\right) \right) \tag{I.6}
$$

Dans une fibre optique monomode conventionnelle, la dispersion du guide est toujours négative. Comme la dispersion du matériau est elle-même négative pour $\lambda<1.27\mu m$ et positive pour $\lambda>1.27\mu m$, la dispersion chromatique ne peut être annulée en dessous de *1.27μm*. La dispersion chromatique dans une fibre réalisée par les techniques classiques peut être ajustée en concevant un profil d'indice plus ou moins complexe, ce qui influe sur la dispersion du guide. Cependant, la différence d'indice entre le cœur et la gaine est faible, ce qui limite fortement les possibilités d'ajustement. L'expression (I.5) permet également de calculer la dispersion chromatique dans les FMAS. Les études concernant l'évolution de la dispersion chromatique menées sur ces fibres ont mis en évidence des propriétés originales pour cette grandeur.

La dispersion chromatique d'une FMAS dépend étroitement de la proportion d'air présente dans la gaine optique, valeur liée au rapport d/Λ. En jouant sur les paramètres optogéométriques de la fibre, il est possible de modifier l'allure de la courbe de dispersion, et par exemple d'annuler la dispersion chromatique pour des longueurs d'onde inférieures ou supérieures à *1.27μm* [22]. C'est pourquoi, nous pouvons dire que la FMAS a pu contourner ces limites grâce à la flexibilité du choix de ses paramètres géométriques. En effet, la grande dépendance qui existe entre la longueur d'onde et l'indice effectif a conféré à la fibre une large dispersion négative, non plus pour une longueur d'onde donnée mais sur une large gamme de longueur d'onde. Ainsi, il suffit d'ajuster judicieusement les deux paramètres géométriques de la fibre *(d, Λ)* pour contrôler la dispersion. La dispersion de guide dans les

FMAS peut être positive, contrairement à celle d'autres types de fibres optiques, ce qui permet d'annuler la dispersion chromatique à n'importe quelle longueur d'onde.

Nous avons présenté dans la Fig.I.5, l'évolution en longueur d'onde de la dispersion chromatique pour quatre profils différents à petit et grand cœur (Λ=2.3μm et 4μm) à petite et grande proportion d'air (d/Λ = 0.27 et 0.44). Nous remarquons qu'il existe trois types de FMAS particulières : les FMAS à faible dispersion chromatique aplatie, les FMAS à décalage du zéro de dispersion, les FMAS à faible dispersion chromatique négative. Nous montrons l'existence d'une dispersion chromatique négative ultraplate pour toute longueur d'onde pour une fibre ayant un rapport d/Λ=0.27 et Λ = 2.3μm. L'amplitude de la variation de la dispersion chromatique dans ce cas est inférieure à 1% sur une bande spectrale allant de 1200nm jusqu'au 1550nm. Une des grandes nouveautés apportées par les FMAS est la possibilité d'annuler la dispersion chromatique à des longueurs d'onde inférieures à 1.28μm. Cette propriété permet d'obtenir par exemple les conditions nécessaires au mélange à quatre ondes dans les fibres aux courtes longueurs d'onde. En choisissant un d/Λ=0.44 et Λ=2.3μm, le zéro de dispersion se situe autour de 1μm. En gardant le même rapport d/Λ et en changeant Λ à 4μm le zéro de dispersion s'approche de 1.2μm. Avec une forte dispersion négative, les FMAS peuvent être insérées dans les modules de compensation de dispersion des systèmes de transmissions.

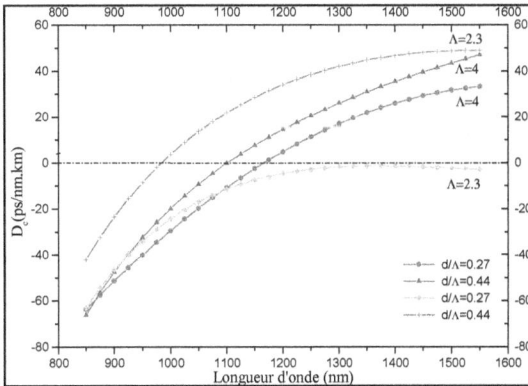

Fig.I.5 : Variation de la dispersion chromatique en fonction des paramètres optogéométriques de la FMAS [21].

III.3 Biréfringence

III.3.1. Biréfringence de phase

Le mode fondamental d'une fibre optique monomode (HE_{11}) est composé de deux modes électromagnétiques dégénérés caractérisés par deux directions de polarisation perpendiculaires. Dans une fibre monomode idéale, ces deux modes, notés HE_{11x} et HE_{11y}, se propagent à des vitesses identiques. Lorsque, la fibre présente une biréfringence, qui peut être due à des contraintes (élongation, courbures, micro courbures, etc.), nous observons une levée de la dégénérescence des constantes de propagation entre les deux modes.

Les deux modes HE_{11x} et HE_{11y} polarisés linéairement dans les directions x et y (modes propres de polarisation) ont des indices effectifs n_{effx} et n_{effy} différents. L'état de polarisation de l'onde guidée évolue donc tout au long de la propagation. La biréfringence linéaire de phase est définie par l'expression (I.7) [23].

$$B_{\varphi} = \left| n_{effy} - n_{effx} \right| \qquad (I.7)$$

Si la fibre est isotrope, les directions de polarisation x et y sont quelconques (x et y restent néanmoins perpendiculaires) et les indices effectifs des deux modes n_{effx} et n_{effy} sont identiques. Cela signifie que l'état de polarisation d'une onde injectée dans la fibre est conservé au cours de la propagation. Au contraire, dans une fibre anisotrope, il existe seulement deux directions x et y perpendiculaires (axes neutres) dans le plan de la section droite de la fibre telles qu'une onde injectée polarisée linéairement suivant cette direction conserve sa polarisation linéaire.

Une onde polarisée rectilignement suivant l'axe pour lequel l'indice effectif est le plus faible (axe rapide) aura une vitesse de phase supérieure à une onde polarisée suivant l'axe pour lequel l'indice effectif est le plus grand (axe lent). Ces deux axes particuliers de la fibre sont appelés axes principaux ou lignes neutres. Dans les fibres monomodes usuelles, le degré de biréfringence varie constamment et en général aléatoirement le long de la fibre et disperse l'état de polarisation de l'onde qui s'y propage, ce qui le rend indéterminé en sortie pour de grandes longueurs.

III.3.2. Biréfringence de groupe

Dans une fibre monomode anisotrope, une impulsion lumineuse portée par les deux modes de polarisation HE_{11x} et HE_{11y} se propagent avec des vitesses de groupe différentes $v_{gx} = \dfrac{c}{N_{gx}}$ et

$v_{gy} = \dfrac{c}{N_{gy}}$ respectivement, où N_{gx} et N_{gy} sont les indices de groupe associés aux deux modes de polarisation. La biréfringence de groupe est définie par l'expression (I.8) [24].

$$B_g = \left(N_{gy} - N_{gx}\right) = \left(n_{effy} - n_{effx}\right) - \lambda \left(\frac{dn_{effy}}{d\lambda} - \frac{dn_{effx}}{d\lambda} \right) = B_\varphi - \lambda \frac{dB_\varphi}{d\lambda} \qquad (I.8)$$

Une des conséquences de l'existence de la biréfringence de groupe est que les temps de groupe de l'impulsion portée par les deux modes de polarisation (respectivement t_x et t_y) sont différents.

III.3.3. Dispersion de mode de polarisation

La dispersion de mode de polarisation (PMD) est définie par le rapport entre la différence entre le temps de groupe et la longueur (I.9) [25].

$$PMD = \frac{\left(t_y - t_x\right)}{L} \qquad (I.9)$$

Le lien entre PMD et biréfringence de groupe dépend de l'existence ou non de couplage entre les deux polarisations. En absence de couplage (régime "courte distance"), les temps de groupe sont respectivement $t_x = \dfrac{N_{gx}.L}{c}$ et $t_y = \dfrac{N_{gy}.L}{c}$ de sorte que la relation entre PMD et biréfringence de groupe est :

$$PMD = \frac{B_g}{c} \qquad (I.10)$$

D'un point de vue temporel, les paquets de fréquences qui se propagent sur les axes neutres ne sont pas transmis à la même vitesse ce qui a pour conséquence l'élargissement temporel de l'impulsion. D'un point de vue fréquentiel, l'état de polarisation de l'onde varie en fonction de sa longueur d'onde.

III.3.4. Evolution de la biréfringence dans les FMAS

L'anisotropie d'une fibre qui induit la levée de la dégénérescence des deux modes de polarisation et l'apparition de la biréfringence linéaire de phase appelée "biréfringence de phase" peuvent avoir deux causes intrinsèques. La première réside dans la rupture, volontaire ou non, de la symétrie de $\pi/3$ de la section droite de la fibre. La deuxième est l'existence éventuelle de contraintes anisotropes au sein du matériau constitutif de la fibre qui donnent alors à l'indice de réfraction un caractère tensoriel. Ces contraintes ont pu apparaître contre la volonté des fabricants lors des étapes de fabrication.

Ainsi, Dans le cas d'une FMAS avec un arrangement des trous d'air identiques disposés sous forme triangulaire (ayant une symétrie de rotation $\pi/3$), la fibre est considérée isotrope et la biréfringence doit être égale à zéro [26]. Cependant, une certaine biréfringence peut apparaître dans une telle structure, en raison de l'effort interne résiduel du matériel. Différents travaux théoriques ont été menés pour évaluer la biréfringence due aux perturbations géométriques au niveau du diamètre des trous et/ou dans leur positionnement. Nous avons calculé la variation de la biréfringence de phase en fonction de la longueur d'onde pour une FMAS ayant $d=1.8\mu m$ et $\Lambda=2.4\mu m$ (Fig.I.6). Pour cette FMAS la biréfringence de phase varie de $7.13 \ 10^{-5}$ à $73.5 \ 10^{-5}$ pour $\lambda=0.633\mu m$ et $\lambda=1.55\mu m$ respectivement. La biréfringence de phase est susceptible d'augmenter pour une distance inter trous décroissante [27]. Cette propriété sera étudiée en détails dans le chapitre III.

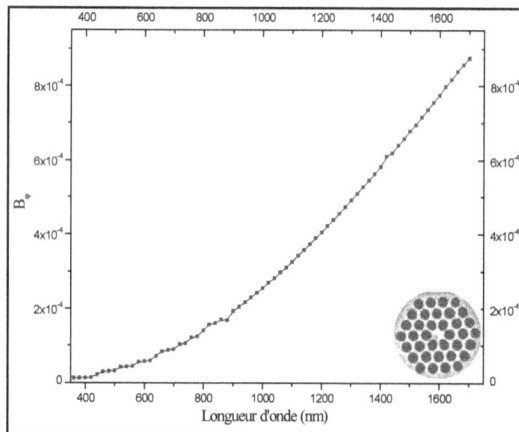

Fig.I.6 : Variation de la biréfringence en fonction de la longueur d'onde pour d=1.8μm et Λ=2.4μm

III.4 Aire effective

Les effets non linéaires sont d'un grand intérêt dans une large gamme d'applications, à savoir la régénération optique, la conversion en longueur d'onde, le démultiplexage optique et l'amplification Raman. L'aire effective du mode est ajustable grâce à la géométrie. En faisant simplement varier les dimensions des motifs, les fibres peuvent présenter des largeurs de mode s'échelonnant sur *3* ordres de grandeur [28]. Les fibres à petite aire modale peuvent être utilisées comme base de composants à effet non linéaire, tandis que les fibres à large mode permettent le transport de faisceau à forte puissance. Des aires effectives de modes variant de *1* à *1000μm²* peuvent être atteintes. Pour les fibres conventionnelles, l'aire effective de mode s'échelonne entre *10* et *200μm²*. L'aire effective est déduite de la répartition transverse du module du champ électrique $\vec{E}(x,y)$ [29]:

$$A_{eff} = \frac{\left(\int\int_{-\infty}^{\infty} \left| \vec{E}(x,y) \right|^2 dxdy \right)^2}{\int\int_{-\infty}^{\infty} \left| \vec{E}(x,y) \right|^4 dxdy} \qquad (I.11)$$

Des FMAS à large aire modale (Fig.I.7.a) peuvent être réalisées en jouant sur les paramètres de la microstructure : un fort Λ ($\Lambda > 5\mu m$) et/ou un rapport d/Λ faible ($d/\Lambda < 0.3$) [30].

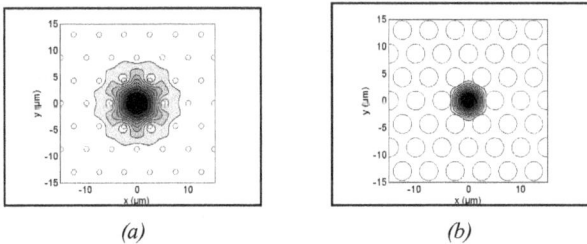

(a)   (b)

Fig.I.7 : (a) FMAS à large aire modale ($\Lambda = 5\mu m$; $d/\Lambda = 0.2$). (b) FMAS à petite aire modale ($\Lambda = 5\mu m$; $d/\Lambda = 0.7$).

Nous avons calculé l'aire effective du mode fondamental en fonction de la longueur d'onde pour différents paramètres géométriques de la FMAS. Comme prévu, le mode devient plus confiné pour des dimensions croissantes des diamètres des trous d'air. En général, l'aire effective du mode fondamental est proportionnelle à Λ^2 avec un facteur qui dépend préalablement du rapport d/Λ. En fait, une relation reliant l'aire effective et les paramètres géométriques de la FMAS a été établie [18] :

$$A_{eff} \propto (\frac{\Lambda}{d})\Lambda^2 \qquad (I.12)$$

Nous avons à travers les simulations représentées à la Fig.I.8 voulu établi une « carte » globale de l'aire effective en fonction des paramètres géométriques des FMAS. Celle ci peut être employée pour la détermination des paramètres géométriques optimaux de la FMAS à partir d'une valeur particulière de l'aire effective. Par exemple, pour la fibre SMF28 ayant une aire effective ~ $86\mu m^2$ pour $\lambda=1550nm$, nous préconisons une FMAS équivalente ayant les paramètres suivants $\Lambda\sim 6\mu m$ et $d/\Lambda\sim 0.25$.

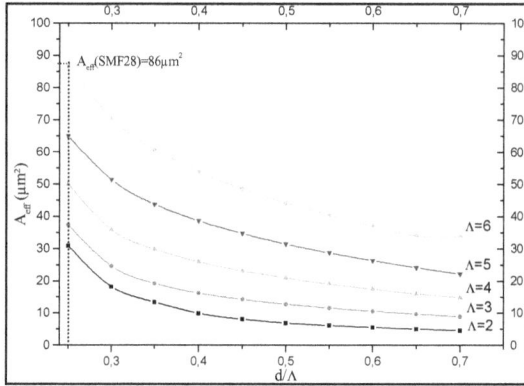

Fig.I.8 : Aire effective en fonction de la longueur d'onde pour différentes valeurs de d/Λ [21].

L'aire effective du mode fondamental peut nous renseigner sur l'ampleur des effets non linéaires au cours de la propagation dans cette fibre. Le coefficient de non linéarité γ est inversement proportionnel à l'aire effective A_{eff} du mode guidé. Il est défini par la relation suivante [29] :

$$\gamma = \frac{2\pi n_2}{\lambda A_{eff}} \qquad (I.13)$$

Où n_2 est l'indice de réfraction non linéaire du matériau ($n_2 \approx 2.5 \ 10^{-20} m^2/W$ pour la silice).

Dans le cas des fibres conventionnelles, il est nécessaire de réaliser des fibres à faible diamètre de cœur. La non linéarité effective d'une fibre de silice standard est de $\gamma\approx 1 W^{-1}.km^{-1}$ à $1550nm$ et peut être multipliée par 20 en utilisant des fibres de silice conventionnelles à petits cœurs. Les fibres à trous présentent des ouvertures numériques beaucoup plus fortes que les fibres conventionnelles. De plus, la lumière est fortement confinée dans le cœur, surtout si la taille des trous est importante [31]. Une fibre à trous possédant un d/Λ élevé va présenter une aire effective de mode faible et donc une forte non linéarité. Dans le cas des fibres à trous à petit cœur, la non linéarité effective est de l'ordre de $\gamma \approx 60W^{-1}.km^{-1}$ à *1550nm* [32].

IV. Applications potentielles

Grâce à la maturité de leurs technologies de fabrication, les FMAS sont déjà entrées dans le domaine des applications industrielles. Ces applications sont nombreuses et s'étendent au delà du domaine strict des télécommunications optiques. Les fibres monomodes à gaine microstructurées peuvent être conçues avec un cœur de dimensions beaucoup plus importantes que les fibres conventionnelles. Des fibres, dont la taille de cœur est plus de cinquante fois plus grande que la longueur d'onde d'application, sont à l'inverse, facilement réalisables en exploitant les structures photoniques. Il existe un intérêt immédiat pour de telles fibres pour la transmission de fortes puissances optiques (télécommunications, lasers de puissance pour la découpe ou le marquage), ou pour les lasers ou amplificateurs à fibres dopées. Parmi les entreprises industrielles qui ont centré leur activité sur les fibres à trous, nous trouvons notamment Crystal fibers et Redfern Polymer Optics. Divers laboratoires accompagnent aussi ce développement, notamment le centre de recherches d'optoélectronique de l'université de Southampton en grande Bretagne [33], l'IRCOM [34] et ALCATEL en France [35]. Soulignons quelques unes des caractéristiques qui rendent les FMAS attractives.

IV.1 Applications directes

Dans cette catégorie, nous incluons toutes les applications qui emploient directement des propriétés intrinsèques de la FMAS sans la modifier d'une quelconque façon [36].

IV.1.1. Contrôle de la dispersion

L'étude de la dispersion dans les FMAS nous a montré qu'il est possible de profiter de cette propriété pour obtenir des applications en télécommunications. Le nombre important de degrés de libertés possibles dans les FMAS permet la fabrication des fibres avec des dispersions particulières. Nous pouvons notamment concevoir des fibres dont la dispersion est nulle à une longueur d'onde donnée ou constante dans une bande désirée. Le contrôle des propriétés dispersives de FMAS est possible soit en ajustant les paramètres géométriques de la FMAS conventionnelle soit en adaptant la géométrie du profil d'indice.

a) Ajustement des paramètres géométriques (d et Λ)

Comme nous ne pouvons pas agir sur la dispersion du matériau, il faut se tourner vers la conception de structures de guides à profils d'indice adéquats. En fait, nous pouvons ajuster l'allure de la courbe de dispersion sur une plage de longueurs d'onde par un choix judicieux des paramètres d et $Λ$ du profil d'indice transverse. La dispersion chromatique dans les FMAS est contrôlable en ajustant les paramètres géométriques de la fibre. Ce paramétrage de la dispersion chromatique en fonction de la taille et de la répartition des trous est un grand avantage des FMAS par rapport aux autres fibres optiques. En effet, la variation de la dispersion étant plus importante en fonction de $d/Λ$ lorsque $Λ$ diminue. La précision sur $Λ$ et d (3ème décimale) est nécessaire à l'obtention d'une telle valeur de la dispersion. Des fluctuations dans la géométrie du profil inférieures à *0.6%* sur $Λ$ et à *7.5%* sur d peuvent entraîner un décalage de la valeur de la dispersion chromatique égale à *5ps/(nm.km)*.

L'obtention d'une dispersion nulle ou très faible à *1.55μm* est possible pour $Λ$ égal à *1.1μm* et $d/Λ=0.9$ [37]. En fixant le diamètre de trous d à *0.316μm* et l'écartement $Λ$ à *2.62μm* pour une FMAS ayant *3* couronnes de trous d'air identiques la dispersion est ultraplate (*D=0±0.4ps/(nm.km)*) sur une large bande (entre *1230* et *1720nm*) [38]. Dans la pratique, Reeves et al [39] ont fabriqué une FMAS ayant *7* couronnes de trous d'air identiques de diamètre *0.57μm* et espacées de *2.47μm* dont la dispersion chromatique mesurée est de *0±1.2ps/(nm.km)* entre *1000* et *1600nm*. Pour limiter la sensibilité de la dispersion chromatique aux variations de d et $Λ$, des FMAS de nouvelles géométries sont conçues.

b) Configuration du profil d'indice

Dans le cas d'une distribution triangulaire de trous identiques dans la gaine microstructurée, il est difficile d'obtenir des propriétés de dispersion désirées après la fabrication des modèles. De nouvelles configurations du profil d'indice des FMAS (trous de dimensions différentes, distance intertrous variable, cœur formé par l'omission de plusieurs capillaires…) offriraient de nouveaux degrés de liberté pour ajuster la dispersion chromatique. Aujourd'hui de nombreuses géométries ont été conçues afin de contrôler la dispersion dans les FMAS comme le montre la Fig.I.9.

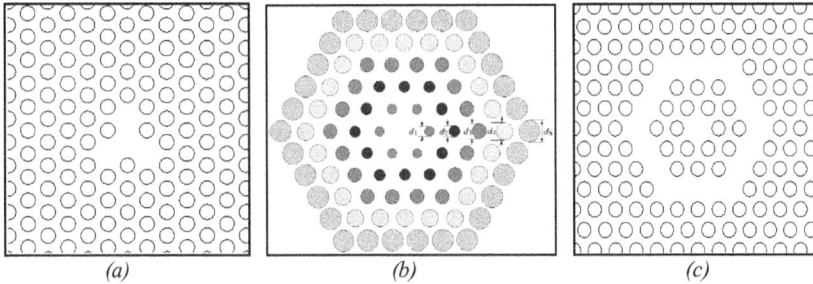

(a)   (b)   (c)

Fig.I.9 : Exemples de profils d'indice utilisés pour le contrôle de la dispersion.

La première FMAS (Fig.I.9.a), dite fibre multi cœurs, a été conçue et fabriquée par Hansen à " Crystal Fibre" [40]. Elle possède une nouvelle géométrie comportant une région du cœur hybride avec une symétrie triple. L'avantage de cette fibre multi cœurs est le contrôle de la dispersion tout en garantissant une faible perte de confinement et un coefficient de non-linéarité élevé. Les fibres fabriquées comportent une région hybride symétrique triple comportant un élément central dopé germanium (*n=1.487*) entouré par trois régions dopées fluor (*n=1.440*) incorporé dans une structure triangulaire standard de revêtement d'air/silice. Le diamètre des régions dopées fluor est égal à la distance inter trous *Λ*. Cette fibre a un ZDW (Zero Dispersion Wavelength) égal à *1.55μm* pour *d/Λ* variable de *0.44* à *0.56* et un pitch, *Λ*, ayant une valeur de *1.24μm* à *1.61μm*. En choisissant un diamètre *d* allant de *0.47* à *0.5μm* et un pitch variable, *Λ*, de *1.48* à *1.51μm*, une pente de dispersion de *1 10⁻³ ps/(km·nm²)* est obtenue.

Saitoh et al. ont conçu la seconde FMAS (Fig.I.9.b) permettant d'obtenir une dispersion aplatie [41]. Chaque couronne de trous est définie par un diamètre de trous différent (: diamètre d_i pour la couronne *i*). Pour une FMAS contenant *4* couronnes avec *Λ=1.56μm*, $d_1/Λ=0.32$, $d_2/Λ=0.45$, $d_3/Λ=0.67$ et $d_4/Λ=0.95$, une dispersion chromatique de *0±0.5ps/(nm.km)* entre *1.19μm* et *1.69μm* a été démontrée. Dans le cas d'une FMAS ayant *5* couronnes avec *Λ=1.58μm*, $d_1/Λ=0.31$, $d_2/Λ=0.45$, $d_3/Λ=0.55$, $d_4/Λ=0.63$ et $d_5/Λ=0.95$ la dispersion chromatique vaut *0±0.4ps/(nm.km)* entre *1.23μm* et *1.72μm*.

La troisième FMAS (Fig.I.9.c), dite fibre à double cœur, est destinée pour la compensation de dispersion présentant une forte dispersion négative de *-19000ps/(nm.km)* à *1550nm* et une aire effective de *30μm²* [42]. Cette fibre présente deux cœurs le premier est formé par l'omission d'un trou au centre et le second par l'absence de la troisième couronne.

Des études récentes ont montré l'efficacité des algorithmes génétiques pour concevoir des structures de FMAS avec des propriétés de dispersion chromatique définies par l'utilisateur. Des démonstrations ont été réalisées pour la structure de FMAS avec une dispersion prédéterminée [43]. Les perspectives de cette méthode s'avèrent intéressantes pour la détermination et le choix du profil d'indice adéquat (variation du diamètre des trous en fonction de la couronne ou l'absence de certaines couronnes).

IV.1.2. Contrôle de la non linéarité

Comme la dispersion peut déformer les impulsions se propageant, la non linéarité de la fibre peut engendrer des effets d'auto modulation ou de modulation croisée de la phase perturbant la transmission de données. Afin d'éviter ce genre de problème, il peut être intéressant de « grossir » le mode ce qui permet d'éviter des intensités où les effets non linéaires deviennent sensibles. La fibre microstructurée à large mode permet un tel grossissement tout en préservant le caractère monomode. De la même façon, il est possible de concentrer l'énergie afin de bénéficier au mieux de la non linéarité de la fibre. Ceci est obtenu en utilisant un coeur de quelques microns de diamètre afin de générer principalement des supercontinuums [44].

Actuellement les systèmes de télécommunication ne peuvent pas dépasser une certaine puissance afin d'éviter les effets non linéaires du verre qui causent des interférences entre les différents canaux, augmentent les erreurs et réduisent les taux de transfert susceptibles d'être transmis sans corruption des données. Ces effets augmentent également avec le nombre de canaux et leur densité. Typiquement les puissances susceptibles d'être transmises par les FMAS sont bien plus importantes que pour des fibres classiques, de l'ordre de *1000* fois. Cette possibilité de transmission sans effets non linéaires permettrait une transmission sur une longue distance sans amplificateur et sans répéteur, ce qui permet d'obtenir une meilleure fiabilité. Des fibres indéfiniment monomodes peuvent être fabriquées avec un coeur très grand de l'ordre de 600μm^2 [45]. L'aire effective pour une fibre monomode classique est limitée par la faiblesse et la précision de la différence des indices de réfraction du coeur et de la gaine. De telles fibres trouvent des applications dans la transmission de puissances élevées, dans les lasers à fortes puissances, dans les amplificateurs optiques où le coeur est dopé avec des ions tel que les ions Yb^{3+}.

Malgré toutes ses qualités, la silice ne peut subvenir à toutes les applications liées à la spectroscopie des ions de terre rare et à la non linéarité. L'utilisation de matériaux originaux, à forts indices de réfraction linéaires et non linéaire, tels que les verres de chalcogénures, permet d'envisager des applications comme l'amplification large bande (*1.3-1.5μm*), la régénération et la commutation tout optique. Il a été démontré par Hu et al. qu'il est possible d'obtenir à partir d'une fibre à base de tellurite ayant une aire effective de *0.5μm²* [46-47] et un coefficient de non linéarité de *4783km⁻¹w⁻¹ à 1550nm*.

IV.1.3. Contrôle de la polarisation

Habituellement, il est possible d'obtenir des fibres biréfringentes en réalisant un cœur oval ou en induisant un stress dans la fibre. Les biréfringences obtenues sont plutôt faibles (10^{-4}). Le choix de structures de FMAS dans lesquelles on impose une forte rupture de symétrie permet d'obtenir de nouvelles fibres à maintien de polarisation. Toutes ces caractéristiques sont évidemment des atouts importants pour les applications dans le domaine des télécommunications. Selon la taille des trous et leur organisation autour du cœur, la lumière peut se propager à des vitesses différentes suivant son état de polarisation. La biréfringence atteinte dans les FMAS a déjà dépassé celle obtenue dans les fibres classiques d'un ordre de grandeur de *10* fois. De telles fibres permettent de maintenir l'état de polarisation de la lumière propagée sur de longues distances. La démonstration expérimentale d'une FMAS à maintien de polarisation ayant une perte linéique de *1.3dB/Km* à *λ=1550nm* et une biréfringence de phase de *1.4 10⁻³* a déjà été réalisée par Suzuki et al. [48]. Avec une fibre microstructurée dont quelques trous de la première couronne sont remplies par un cristal liquide, il est possible d'atteindre des biréfringences plus importantes (au moins un ordre de grandeur) [49-50].

IV.2 Applications indirectes

Dans cette catégorie nous incluons les composants ou systèmes à base de fibres microstructurées.

IV.2.1. Lasers, amplificateurs

L'emploi de fibres dopées à grande ouverture numérique est particulièrement intéressant pour les lasers ou les amplificateurs. Nous rendons compte d'une conception des FMAS ayant une grande aire effective pour des applications de type lasers à fibres. Incorporer des dopant avec une concentration suffisante reste un challenge. Les techniques double cœur sont privilégiées pour cette étude. En fait, des FMAS à double cœurs sont conçues et fabriquées avec une gaine interne à forte ouverture numérique et permettant une grande amélioration du rendement de l'injection de pompe. Une puissance de *120W* a été obtenue à l'aide d'une FMAS de longueur *48cm* et une efficacité de *74%*. Ceci correspond à une puissance extraite la plus élevée pour les FMAS qui vaut *250W/m* [51]. Des amplificateurs à base de FMAS à grande aire effective ou à double cœurs exotiques sont développés.

IV.2.2. Capteurs

La capacité des FMAS à être sensibles à de nombreux paramètres (température, pression, contraintes, rayonnements nucléaires...) les a rendues attractives pour la conception et la réalisation de capteurs. Ces applications ont découlé naturellement des recherches effectuées dans le domaine des télécommunications où la principale préoccupation consistait à rendre le signal véhiculé par la fibre totalement insensible aux perturbations imposées par les paramètres environnementaux. La détection de gaz basé sur la mesure de l'absorption spectroscopique a été réalisée en utilisant les FMAS. Ayant une petite aire effective et une grande fraction d'air, une fraction significative de la puissance de la lumière sera donc située dans la gaine microstructurée. Par conséquent la détection de gaz à l'intérieur des trous est possible par l'onde évanescente [52-53].

Ces FMAS peuvent être adaptées pour surveiller la déformation d'une structure à trois dimensions. Ceci est fait en employant les FMAS simples avec les coeurs monomodes multiples dans lesquels il n'y a pas de couplage significatif entre les coeurs. Quand la fibre à plusieurs cœurs est déformée, la contrainte différentielle induite entre les cœurs a comme conséquence une différence de phase entre les faisceaux de lumière propagés dans chaque coeur. Toute courbure de la fibre est alors détectée en analysant les franges issues par le champ lointain. Une courbure de sensibilité de *2.33rads/mm* a été mesurée en utilisant cette approche [54].

IV.2.3. Réseaux de Bragg à long pas

Plusieurs publications rapportent la réalisation de réseaux longs pas sur fibres LPFG (Long Period Fibre Grating). Le procédé de fabrication consiste à créer un défaut périodique de la microstructure en utilisant soit un arc électrique [55], soit un laser CO_2 [56], soit une pièce mécanique pour créer une pression [57-58]. L'avantage de ces LPFGs réside dans leur sensibilité moindre à la température, sensibilité qui les rapproche des réseaux de Bragg photoinscrits. C'est une solution alternative aux fibres spéciales permettant de réaliser des réseaux de Bragg insensibles à la température. De plus, le fait de ne pas utiliser la photosensibilité de la fibre permet d'éviter les problèmes liés au vieillissement de la variation d'indice photoinduite. Un LPFG est une perturbation périodique dans l'indice du coeur de la fibre avec une périodicité de typique $\Lambda_{LPFG} \sim 500\mu m$ et une longueur de $4cm$ [59]. Le couplage satisfait les conditions d'assortiment de phase exprimée en limite des longueurs d'onde de résonance :

$$\lambda_{gaine,i} = (n_{coeur} - n_{gaine,i})\Lambda_{LPFG} \tag{I.14}$$

Avec $\lambda_{gaine,i}$, $n_{gaine,i}$ et n_{coeur} sont la longueur d'onde de résonance, l'indice effectif du i^{éme} mode de gaine, et l'indice effectif du mode respectivement.

IV.2.4. Filtrage

Il a été démontré que le filtrage peut être obtenu à l'aide des LPFGs ayant un nombre de pas très faibles mais avec des pertes sur toute la bande importante. Ces travaux sont encore du domaine exploratoire. En insérant un cristal liquide dans les trous d'air de la FMAS (iodure de méthylène, $n \sim 1.8$), nous pouvons réaliser des applications de filtrage. Pour commander le mouvement du fluide, un tube capillaire, qui est situé à $10cm$ du fluide, chauffe l'air dans les canaux, induisant la pression d'un côté du fluide et créant un gradient thermique entre les côtés opposés de la prise liquide. La Fig.I.10 montre le spectre de transmission de la fibre mesuré expérimentalement marquée aux différentes tensions. Á mesure que la tension appliquée au cristal liquide augmente, le gradient de température augmente. La dépendance de l'indice de réfraction dans le trou en fonction la température est donné par :

$$\frac{dn}{dT} \sim -10^{-4} / {}^{\circ}C \tag{I.15}$$

En conséquence, la longueur d'onde à laquelle la résonance est produite, qui dépend également des indices de réfraction et particulièrement de $n_{gaine,i}$ comme exhibé dans l'équation (I.14), augmente et ne peut pas être réalisé dans d'autres fibres conventionnelles. Le mouvement (grandeur et direction) du fluide est commandé par la quantité de pression ou de la chaleur livrée par les réchauffeurs capillaires. Il a été démontré aussi que le filtrage peut être obtenu pour un nombre de pas très faibles mais avec des pertes importantes sur toute la bande.

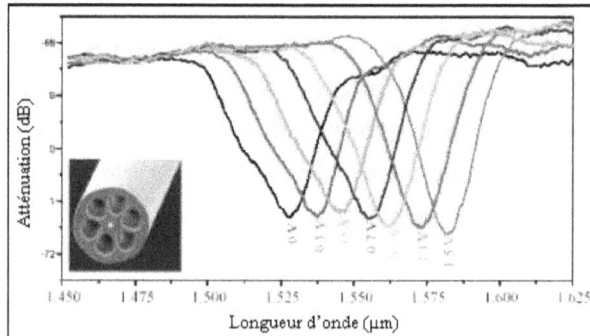

Fig.I.10 : Variation de l'atténuation linéique en fonction de la tension appliquée [60].

IV.2.5. Atténuateur variable

Kerbage et al. ont activement étudié des procédés afin de modifier rapidement les propriétés de la fibre [61]. Ils utilisent en particulier des polymères électro optiques insérés dans certains trous de la microstructure. Des atténuateurs optiques, réglables à base de FMAS exploitant la dépendance de la température à l'indice de réfraction d'un polymère incorporé aux trous d'air d'une FMAS effilée, sont développés. La conception du taper permet l'interaction efficace entre les matériaux réglables avec le champ de mode de propagation. Cet atténuateur est entièrement intégré avec une perte d'insertion de moins de *0.8dB*.

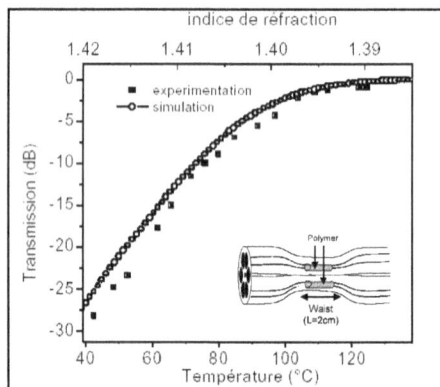

Fig.I.11 : Variation de la transmission du taper en fonction de la température à 1550nm [61].

L'atténuation du dispositif varie en fonction de la température de *30dB* à *0.8dB* avec la perte d'insertion la plus élevée se produisant à la plus basse température. Pour les hautes températures (*100°C*), le polymère possède un faible indice de réfraction. Le mode fondamental peut se propager dans cette structure. Par contre aux basses températures (*50°C*) l'indice du polymère augmente, Par suite seuls les modes d'ordres supérieurs sont guidés. Comme le montre la Fig.I.11 la structure peut être considérée comme un atténuateur variable en fonction de la température.

IV.2.6. Coupleurs

Un coupleur à base de FMAS à deux cœurs a été simulé à l'aide de la méthode du faisceau propagé vectorielle par Fogli et al. [62]. En injectant l'impulsion dans l'un des deux cœurs symétriques d'une FMAS (*d = 0.3µm* et *Λ = 2.3µm*), la longueur de couplage vaut *0.7505mm* à *λ=0.85µm* comme le montre la Fig.I.12. L'intérêt de ce type de structure à base de FMAS réside dans le fait d'obtenir des longueurs de couplage beaucoup plus faibles que dans les coupleurs conventionnels.

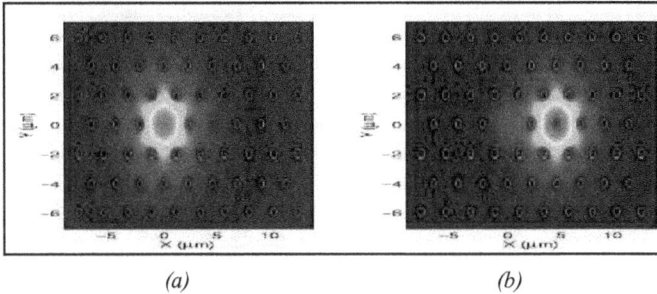

(a)   (b)

Fig.I.12: Mode fondamental réparti (a) dans le premier cœur d'une FMAS (d=0.3µm et Λ=2.3µm) à z=0µm, (b) dans le second cœur à z=0.7505mm [62].

Une étude théorique plus approfondie des coupleurs à base FMAS a été faite par Velchev et al. [63]. Les propriétés de couplage en fonction des paramètres des fibres à double cœur symétrique ont été mises en œuvre. En effet, la longueur de couplage augmente en fonction du diamètre du cœur et du rapport *d/Λ*. Toutefois, elle est inversement proportionnelle à la longueur d'onde. Une première démonstration expérimentale de coupleurs à bases de fibres microstructurées a été faite [64].

V. Fabrication des FMAS

La majorité des fibres microstructurées de silice produites à ce jour a été fabriquée en utilisant la technique de l'empilement. Celle-ci consiste à tirer une fibre à partir d'une préforme constituée de tubes capillaires empilés dans une configuration le plus fréquemment triangulaire. La préforme peut également être obtenue par extrusion d'un lingot de verre. Cette technique offre la possibilité de réaliser des microstructures à arrangement complexe, inenvisageables par empilement.

V.1 Technique d'empilement de capillaires

V.1.1. Préparation de la préforme

Les FMAS sont obtenues en empilant soigneusement des tubes de silice pour obtenir une préforme avec la structure désirée: on peut placer des tubes pleins, vides, omettre des tubes. L'assemblage est réalisé à une échelle macroscopique, avec des tubes de diamètre de l'ordre du millimètre, aisément manipulables à la main. En portant ensuite l'ensemble à haute température (*1800°C*). La silice se ramollit de sorte qu'il est possible de l'étirer grâce à une méthode très similaire à celle utilisées dans la fabrication des fibres classiques comme c'est décrit dans la Fig.I.13 [65-66].

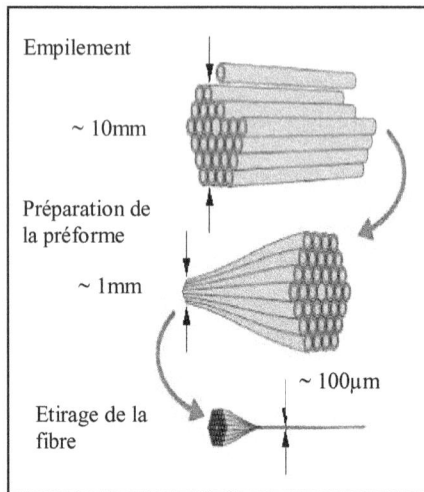

Empilement

~ 10mm

Préparation de la préforme

~ 1mm

~ 100μm

Etirage de la fibre

Fig.I.13 : Technique d'empilement de capillaires [67].

Les FMAS sont généralement fabriquées en utilisant cette méthode qui est relativement simple à mettre en oeuvre. Une matrice de tiges et de tubes en silice sont empilées à la main pour former une préforme appelée canne.

La préforme des FMAS est réalisée à partir d'un assemblage de capillaires et de barreaux en silice de quelques millimètres de diamètre extérieur. Ces capillaires et ces barreaux sont assemblés puis l'arrangement est introduit dans un capillaire de plus grande dimension afin d'assurer le maintien de l'ensemble. Il est très délicat de réaliser une botte de capillaires dont la disposition est parfaitement régulière. La réalisation de cette préforme fait appel à des connaissances et des techniques relatives au travail du verre à haute température pour boucher, coller ou mettre en forme les capillaires.

V.1.2. Etirage de la fibre

Comme pour les préformes classiques, les préformes de FMAS sont fixées au sommet d'une tour de fibrage par une extrémité. L'autre extrémité est placée dans un four à induction constitué d'un coeur en graphite placé sous une atmosphère d'argon afin d'éviter sa combustion. La température du four est portée aux alentours de $1800°C$ afin de provoquer un ramollissement de la silice. La partie inférieure de la préforme située sous le four va former la goutte dont le poids va permettre d'amorcer l'étirage du reste de la préforme. Lors du fibrage, différents paramètres doivent être régulés afin de respecter les spécifications prédéfinies en terme de diamètre de fibres, vitesse de fibrage, tension de fibrage par exemple. Les fibres peuvent avoir des trous de 0.1 à $8\mu m$ de diamètre et espacés de 1 à $10\mu m$. Ainsi, pour garantir un diamètre de fibre et une vitesse de fibrage donnée, la régulation porte sur la vitesse de descente de la préforme dans le four. A vitesse constante, il faudra par exemple augmenter la température du four pour abaisser la tension de fibrage. Les procédés de fabrication sont de mieux en mieux maîtrisés mais la réalisation d'une préforme soignée reste une étape délicate au cours de laquelle certains capillaires peuvent être cassés. La difficulté de l'étape de fibrage est d'établir les paramètres (vitesse de descente de la préforme, vitesse de tirage, température, etc.) nécessaires à l'obtention des caractéristiques de la FMAS que l'on souhaite obtenir. Les paramètres de fibrage jouent un rôle majeur dans la qualité de la structure de la fibre étirée. Par exemple, pour une température trop élevée, il est observé un rebouchage des trous interstitiels mais également des trous constituant la gaine. Au contraire, une température trop faible ne permettra pas de reboucher les trous interstitiels. Il est parfois remarqué que le diamètre des trous du centre est plus grand que celui des trous périphériques. Ceci est du au gradient thermique dans le four : la température, plus élevée à l'extérieur qu'à l'intérieur de la préforme, entraîne un ramollissement plus prononcé sur les dernières couronnes. Nous pouvons aussi observer une déformation des trous sous l'action de la pression régnant à l'intérieur des capillaires de la préforme.

V.2 Technique d'extrusion

La méthode d'empilement de capillaires est principalement utilisée aujourd'hui, mais celle-ci montre ses limites pour la réalisation de profils d'indices plus complexes. Pour ce faire la technique d'extrusion a été mise en oeuvre dans le centre de recherches d'optoélectronique de l'université de Southampton [68-69]. Cette technique d'extrusion se base sur quatre étapes comme le montre la Fig.I.14. La première étape est basée sur l'extrusion de matière dans un barreau qui constituera la préforme. A partir d'un barreau de silice, du matériau est enlevé des différents côtés. Un cylindre creux est préparé et constituera le support de la préforme étirée. La seconde étape consiste à étirer la préforme en utilisant une tour d'étirage pour réduire d'un ordre de grandeur le diamètre extérieur. Une fois prête, elle est insérée à l'intérieur d'une gaine formée par un cylindre creux. Enfin, Le tout est étirée pour donner au final une fibre microstructurée de diamètre extérieur d'environ $100 \mu m$.

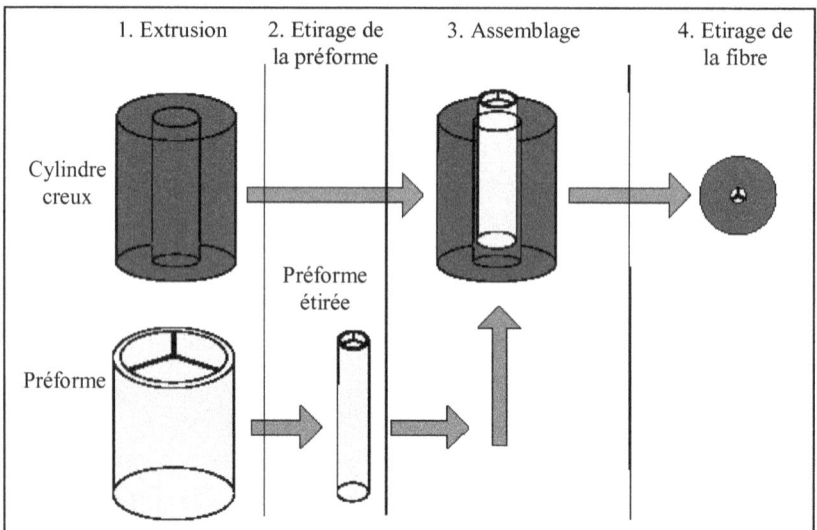

Fig.I.14: Technique d'extrusion [68]

La Fig.I.15 est l'exemple d'une fibre fabriquée par la technique d'extrusion. En utilisant cette technique, des détails extrêmement petits peuvent être conservés sans une mise en oeuvre compromettante.

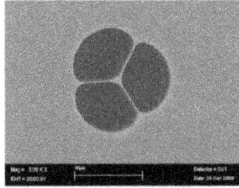

Fig.I.15: Photographie obtenue par microscopie électronique à balayage d'une FMAS fabriquée par la méthode d'extrusion [68].

VI. Conclusion

Nous avons présenté dans ce chapitre une nouvelle génération de fibres optiques. Ces FMAS possèdent des caractéristiques intéressantes qui dépendent de leurs caractéristiques optogéométriques. Nous avons fait la synthèse des propriétés de propagation novatrices par rapport à celles des fibres standard, tel que le domaine de fonctionnement monomode, la dispersion chromatique, l'aire effective et la biréfringence. Un certain nombre d'applications potentielles que nous avons listées est apparu grâce aux propriétés originales des FMAS. Nous avons illustré les techniques de fabrication existantes en soulignant leurs propriétés.

Dans ce travail, nous avons décidé de limiter notre étude aux FMAS à cœur guidant la lumière par Réflexion Totale Interne. Nous avons également choisi de focaliser notre attention sur les applications des FMAS aux télécommunications optiques. Il est devenu indispensable de pouvoir insérer les FMAS dans les lignes de transmission. Pour atteindre cet objectif, il nous est apparu indispensable de nous doter de modèles numériques performants pour la prédiction et l'optimisation des pertes aux raccordements entre les FMAS et les fibres optiques standard.

Ceci nous a amenés au développement d'une méthode propagative. Concernant l'application de la génération du supercontinuum dans les FMAS, il fallait développer une méthode de simulation modale afin de prévoir et ajuster avec précision les propriétés optiques des FMAS lors de leur conception. L'outil de simulation développé est basé sur la méthode de Galerkin. Nous l'avons ensuite validé en confrontant les résultats obtenus avec ceux de la méthode des éléments finis de l'IRCOM. Ce travail fait l'objet du prochain chapitre.

Chapitre II Méthodes de Modélisation des FMAS

I. Introduction

Dans ce chapitre nous allons présenter les outils de simulations numériques qui ont été mis en place afin de modéliser les champs guidés dans les FMAS. Ces méthodes devront permettre de déterminer la nature des modes pouvant être guidés dans une fibre donnée ainsi que la distribution spatiale des composantes des champs.

Nous présentons deux méthodes modales et une méthode propagative. Nous allons nous concentrer sur la méthode de Galerkin (MG) tout en étudiant en détails son développement et son implémentation. Nous confronterons les résultats obtenus par la MG avec la méthode des éléments finis (MEF). Ensuite, nous nous intéressons à la méthode du faisceau propagé vectorielle approchée par le différences finies (Finite Difference Vectorial Beam Propagation Method, FD-VBPM) une méthode qui complète les méthodes citées précédemment en permettant de suivre l'évolution du champ tout au long de sa propagation dans la structure. Nous terminerons par les interactions entre les différentes méthodes développées.

II. Principe des méthodes de modélisation

Lors de la conception des FMAS en vue de leur application dans le domaine des télécommunications optiques, il est très important de disposer d'outils de modélisation de leurs propriétés optiques, afin d'optimiser leur conception, analyse et caractérisation. Quelle que soit la méthode de modélisation, nous avons besoin de l'expression du champ à l'entrée de la structure considérée et son profil d'indice pour résoudre l'équation de Helmholtz vectorielle.

II.1 Equation de Helmholtz vectorielle

L'équation d'Helmholtz est déterminée à partir des équations de Maxwell pour un guide diélectrique parfait. Les équations principales de Maxwell s'écrivent [70] :

$$\vec{\mathrm{rot}}\ \vec{E} = -\frac{\partial \vec{B}}{\partial t} \tag{II.1a}$$

$$\vec{\mathrm{rot}}\ \vec{H} = \vec{j} + \frac{\partial \vec{D}}{\partial t} \tag{II.1b}$$

Avec deux équations complémentaires:

$$\mathrm{div}\ \vec{B} = 0 \tag{II.1c}$$

$$\mathrm{div}\ \vec{D} = \rho \tag{II.1d}$$

$\vec{E}$ et $\vec{H}$ désignent respectivement le champ électrique et le champ magnétique. $\vec{D}$ et $\vec{B}$ sont respectivement l'induction électrique et l'induction magnétique. $\vec{j}$ représente la densité de courant et ρ la densité des charges électriques.

Nous supposons que le guide d'onde optique est un milieu diélectrique parfait ($\vec{D} = \varepsilon\vec{E}$, $\vec{B} = \mu\vec{H}$), sans charge et sans courant ($\vec{j} = \vec{0}$, $\rho = 0$). La théorie électromagnétique indique que dans le vide la vitesse de propagation est donnée par : $c = 1/\sqrt{\mu_0 \varepsilon_0}$ et la longueur d'onde correspondante à la fréquence ν est $\lambda = c/\nu$.

La dépendance temporelle des champs est de la forme $e^{j\omega t}$. Les expressions des champs peuvent être écrites sous la forme : $\vec{\psi}(x, y, z)e^{j\omega t}$. Si la dépendance axiale (suivant l'axe de propagation) des composantes des champs est de la forme $e^{-j\beta z}$, les projections des expressions des champs suivant l'axe de propagation z ont les formes : $\vec{E}(x, y, z) = \vec{E}(x, y)e^{j(\omega t - \beta z)}$ avec β étant la constante de propagation.

Nous décomposons $\vec{E}(x,y)$ sous la forme suivante :

$$\vec{E}(x,y) = \vec{E}_t(x,y) + E_z(x,y)\vec{u}_z \tag{II.2}$$

$\vec{E}_t(x,y)$, $E_z(x,y)$ sont les composantes transverses et longitudinales respectivement.

Nous supposons que la FMAS est un milieu diélectrique avec un indice de réfraction $n=n(x,y)$ invariant par translation le long de l'axe de propagation z. En partant des équations de Maxwell, nous obtenons l'équation d'onde vectorielle pour le champ électrique, qui est reformulée comme un problème aux valeurs propres pour la constante de propagation β [71]:

$$(\nabla_{\perp}^2 + n^2 k_0^2)e_{\perp} + \nabla_{\perp}(e_{\perp}.\frac{\nabla_{\perp}n^2}{n^2}) = \beta^2 e_{\perp} \qquad (II.3)$$

n : indice de réfraction de la structure photonique.

k_0 : nombre d'onde dans le vide.

β : constante de propagation.

$e_{\perp} = (e_x, e_y)^T$: Composantes transverses du champ électrique.

$\nabla_{\perp}$: Gradient dans le plan (xy).

Dans le cas vectoriel, nous obtenons les équations couplées des composantes du champ électrique transverse :

$$\frac{\partial^2 e_x}{\partial x^2} + \frac{\partial^2 e_x}{\partial y^2} + (n^2 k_0^2 - \beta^2)e_x + 2\frac{\partial}{\partial x}\left[e_x \frac{\partial \ln(n)}{\partial x} + e_y \frac{\partial \ln(n)}{\partial y}\right] = 0 \qquad (II.4)$$

$$\frac{\partial^2 e_y}{\partial x^2} + \frac{\partial^2 e_y}{\partial y^2} + (n^2 k_0^2 - \beta^2)e_y + 2\frac{\partial}{\partial y}\left[e_x \frac{\partial \ln(n)}{\partial x} + e_y \frac{\partial \ln(n)}{\partial y}\right] = 0 \qquad (II.5)$$

Pour résoudre ce système des équations couplées, il s'avère nécessaire de déterminer le profil d'indice de la structure photonique.

II.2 Détermination du profil d'indice

II.2.1. Résolution analytique

La Fig.II.1 représente le cas d'une fibre FMAS constituée d'un arrangement périodique de trous d'air. Nous pouvons décrire la structure photonique par une distribution de trous d'air circulaires et /ou elliptiques d'indice $n_{air}=1$, contenus à l'intérieur du domaine Γ (L_x, L_y) d'indice n_{silice} égal à celui de la silice pure, et repérées par leurs coordonnés (x_i, y_i) avec

$i=1,..., N$ où N est le nombre total de trous d'air. Chaque trou est caractérisé par un domaine D_i ayant les dimensions a_i et b_i pour le grand axe et le petit axe respectivement [67].

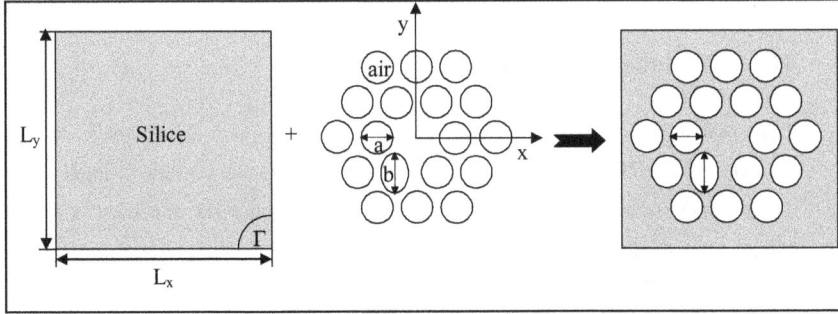

Fig.II.1 : Décomposition schématisée de la structure photonique.

Nous avons pu modéliser le profil d'indice pour des fibres FMAS de géométries particulières d'une manière analytique. Les paramètres décrivant la fibre sont l'indice de la silice pure, celui de l'air, les caractéristiques des trous ainsi que leurs emplacements.

$$n(x,y) = \begin{cases} n_{air} & si\,(x,y) \in D_i\ avec\ i=1\ \grave{a}\ N \\ n_{silicie} & si\,(x,y) \in \Gamma \setminus D_i \end{cases} \qquad (II.6)$$

Pour la silice, l'indice de réfraction est calculé en fonction de la longueur d'onde à partir de la formule de Sellmeier [66] :

$$n_{silice}(\lambda) = \sqrt{1 + \frac{A_0\,\lambda^2}{\left(\lambda^2 - \lambda_0^2\right)} + \frac{A_1\,\lambda^2}{\left(\lambda^2 - \lambda_1^2\right)} + \frac{A_2\,\lambda^2}{\left(\lambda^2 - \lambda_2^2\right)}} \qquad (II.7)$$

Les valeurs des constantes A_i et λ_i sont pour la silice pure :

$A_0=0.6961663;\ A_1=0.4079426;\ A_2=0.8974794;$
$\lambda_0=6.84043\ 10^{-8}m;\ \lambda_1=1.162414\ 10^{-7}m;\ \lambda_2=9.896161\ 10^{-6}m.$

Pour les FMAS présentant des structures microstructurées beaucoup plus complexes, comme celles réalisées par extrusion ou composées d'un arrangement de trous d'air non circulaires, le profil d'indice de réfraction transverse peut être discrétisé en sous domaines Ω_i d'indices constants n_i sur une grille rectangulaire Γ de dimensions (L_x, L_y).

L'avantage de cette technique est de permettre une grande flexibilité de la géométrie de la FMAS pour concevoir des profils d'indice théoriques afin de prévoir leurs propriétés optiques.

II.2.2. Technique numérique

Cette technique consiste à modéliser les profils réels à partir d'une image de la section transverse de la fibre [21]. Pour modéliser aussi fidèlement que possible la coupe réelle d'une FMAS manufacturée, nous avons développé une technique de traitement d'image. Pour chaque fibre étudiée, une image de la coupe transverse est réalisée avec soin au Microscope Electronique à Balayage (MEB) comme le montre la Fig.II.2.

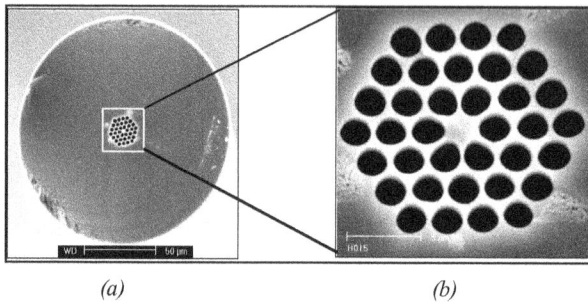

(a)   (b)

Fig.II.2: (a) Image MEB de la coupe de la fibre, (b) zoom sur la microstructure

L'image du profil réel en nuance de gris est transformée en image bicolore (Fig.II.3.b) pour qu'une seule couleur corresponde à un seul matériau (noir : air ; blanc : silice). Un traitement primaire est appliqué à l'image car le microscope électronique à balayage crée une déformation de la géométrie de l'image. Au moyen d'un traitement numérique qui consiste à comparer le niveau de gris de chaque point de l'image MEB à un niveau de décision à estimer, nous localisons la silice et les régions d'air et ainsi les frontières des trous. Cette image bicolore est discrétisée en une matrice de pixels (Fig.II.3.c). Chaque pixel est associé à une valeur de l'indice de réfraction (1 pour l'air et n_{silice} pour la silice) et représente un secteur de dimension $0.025\mu m \times 0.025\mu m$. Cette image échantillonnée sert ensuite à la détermination du profil d'indice. La Fig.II.3 décrit les étapes de détermination du profil approché correspondant au profil réel d'une FMAS fabriquée à ALCATEL. Elle a un diamètre extérieur de $125\mu m$ présentant un arrangement triangulaire de trous régulier.

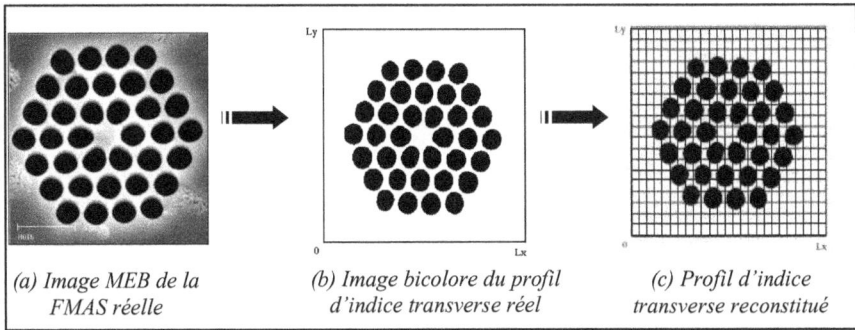

| (a) Image MEB de la FMAS réelle | (b) Image bicolore du profil d'indice transverse réel | (c) Profil d'indice transverse reconstitué |

Fig.II.3 : Etapes de la détermination du profil d'indice réel.

En utilisant cette technique, il est possible de reconstituer le profil d'indice de la FMAS et d'obtenir ses paramètres géométriques. L'espacement moyen entre les trous vaut dans le cas de la figure $2.40\pm0.05\mu m$ et le diamètre moyen des trous vaut $1.80\pm0.02\mu m$. L'avantage de cette technique est la bonne approximation des profils transverses complexes. De la coupe, il est possible de voir qu'il s'avère parfois difficile de déterminer la position exacte du bord du trou, d'indiquer la taille et la position des trous. Ceci est du soit à l'existence d'un angle de prise de vue de l'image ou bien cette dernière n'est pas nette. Cette difficulté dans l'analyse exacte des images du MEB peut être surmontée par l'utilisation d'une meilleure prise de l'image MEB. Cette technique s'applique souvent aux FMAS réelles. Nous pouvons profiter de cette technique pour résoudre analytiquement le profil d'indice des FMAS réelles pour la détermination des positions des trous d'air et de leurs caractéristiques.

III. Modélisation des FMAS

Si la modélisation de la propagation dans un guide optique classique (de section rectangulaire ou circulaire) peut se faire aisément par des méthodes analytiques, l'étude de cette propagation dans des guides à section transverse complexe telle que celle des FMAS doit faire appel à des méthodes numériques adaptées. Parmi les méthodes existantes, nous pouvons distinguer deux catégories à savoir les méthodes modales et les méthodes propagatives. Quant aux méthodes modales, leur principe est la résolution de l'équation d'onde en remplaçant les expressions du champ électromagnétique et du profil d'indice par leurs décompositions sur des bases de fonctions judicieusement choisies. Concernant les méthodes propagatives, un champ excitateur adressé sur la face d'entrée de la fibre peut être suivi pas à pas jusqu'à l'établissement d'un ou plusieurs modes. Elle renseigne sur les conditions d'établissement des champs dans la FMAS au cours de la propagation en fonction des conditions d'excitation.

III.1 Méthodes modales

Parmi les méthodes développées pour déterminer précisément les caractéristiques modales des FMAS, nous pouvons citer à titre d'exemple la méthode des fonctions de base localisées [28][31], la méthode des éléments finis [66], la méthode de Galerkin [67,71-75]. D'autres méthodes tel que la méthode multipolaire et la méthode de différences finies ont aussi été proposées [76]. La méthode des fonctions de bases localisées a pour principe de résoudre l'équation d'onde en remplaçant les expressions du champ électromagnétique et du profil d'indice par leurs décompositions sur des bases de fonctions d'Hermite Gauss. Pour la méthode de Galerkin, il suffit d'utiliser une base trigonométrique. La méthode des éléments finis permet également de calculer les modes électromagnétiques de structures complexes. Cette méthode discrétise la fibre FMAS et forme un réseau de points sur lesquels sont résolues les équations de Maxwell. Les résultats fournis sont la répartition du champ, la polarisation et l'indice effectif des modes électromagnétiques établis dans la fibre. Dans le cadre de ce travail de thèse, nous avons choisi de mettre en œuvre deux méthodes modales à savoir :

- La méthode de Galerkin vectorielle qui est une méthode simple à mettre en œuvre, rapide et efficace, destinée à étudier les FMAS à profil d'indice idéal.

- La méthode vectorielle des éléments finis, lourde mais précise, pour obtenir une bonne description des champs dans les fibres réelles.

III.1.1. Méthode de Galerkin vectorielle

Le principe de cette méthode est de résoudre l'équation d'Helmholtz vectorielle du champ électrique d'une onde plane pour une fibre microstructurée afin de déterminer ses propriétés optiques. La méthode de Galerkin est efficace pour des structures bidimensionnelles ayant une géométrie régulière. En effet, plusieurs simplifications liées à cette propriété comme la solution de l'équation des ondes couplées de manière analytique permettent de limiter les erreurs numériques introduites et d'augmenter la rapidité du calcul. De plus, elle offre un bon compromis entre le temps de calcul et la précision du résultat. D'autre part, cette méthode peut également être employée pour des structures qui présentent un arrangement apériodique de trous.

a) Solution de l'équation des ondes couplées vectorielles

Pour résoudre le système d'équations couplées (II.4-5), nous décomposons le champ électrique dans une base de fonctions orthogonales $\Phi_{mn}(x,y)$ tel que:

$$E_x = \sum_{m=1}^{N_x} \sum_{n=1}^{N_y} A_{mn} \phi_{mn}(x,y) \qquad (II.8)$$

$$E_y = \sum_{m=1}^{N_x} \sum_{n=1}^{N_y} B_{mn} \phi_{mn}(x,y) \qquad (II.9)$$

Avec A_{mn} et B_{mn} sont les coefficients de pondération, N_x et N_y sont des entiers relatifs aux dimensions de la base. Comme le profil d'indice transverse de la structure photonique est décrit sur un domaine Γ rectangulaire fini de dimensions L_x, L_y (Voir Fig.II.1), les fonctions $\Phi_{mn}(x,y)$ représentent le champ électrique des modes guidés polarisés et s'écrivent sous la forme suivante :

$$\phi_{mn}(x,y) = \frac{2}{\sqrt{L_x L_y}} \sin(\sigma_m x)\sin(\rho_n y) \,,\; \sigma_m = \frac{\pi}{L_x} m \,,\, \rho_n = \frac{\pi}{L_y} n \qquad (II.10)$$

Elles doivent donc vérifier certaines conditions limites comme l'annulation du champ et de sa dérivée normale sur les bords du domaine Γ. Ces fonctions sont mutuellement orthogonales sur le domaine d'étude rectangulaire Γ $\{0 \leq x \leq L_x \text{ et } 0 \leq y \leq L_y\}$.

$$\int_0^{Lx} \int_0^{Ly} \Phi_{mn}(x,y)\Phi_{pq}(x,y)dxdy = \delta_{mp}\delta_{nq} \qquad (II.11)$$

δ_{mp} désigne la fonction de Dirac

$$\begin{cases} \delta_{mp} = 1 & si \;\; m = p \\ \delta_{mp} = 0 & si \;\; m \neq p \end{cases} \qquad (II.12)$$

Les expressions du champ électrique et du profil d'indice sont introduites dans l'équation d'onde. Pour résoudre les équations couplées (Eq.II.4-5). Chaque terme de l'équation est ensuite multiplié par $\Phi_{pq}(x,y)$ et intégré sur toute la section transverse considérée. Nous obtenons alors un système matriciel aux valeurs propres qui peut s'écrire sous la forme générale suivante :

$$[D][X]=\beta^2[X] \tag{II.13}$$

Les composantes du vecteur propre [X] sont les coefficients A_{mn} et B_{mn} recherchés, définis dans la décomposition du champ. Après avoir calculé les intégrales de recouvrement de la matrice [X], la résolution de ce système à une longueur d'onde fixée donne les valeurs propres $\beta=k_0.n_{eff}$ où n_{eff} représente l'indice effectif du mode guidé. Pour chaque valeur propre, la répartition du module du champ E qui lui est associé est également calculée. Nous avons ensuite exprimé le système des équations couplées dans la base de fonctions trigonométriques. Ceci nous mène à un système aux valeurs propres algébriques ayant la forme suivante :

$$\begin{bmatrix} M_{pqmn} & N_{pqmn} \\ R_{pqmn} & S_{pqmn} \end{bmatrix} \begin{bmatrix} A_{mn} \\ B_{mn} \end{bmatrix} = \beta^2 \begin{bmatrix} A_{pq} \\ B_{pq} \end{bmatrix} \tag{II.14}$$

Le calcul des éléments de la matrice D constitue la partie la plus importante de la méthode modale. Généralement, ils peuvent être exprimés de la manière suivante [72] :

$$\sum_{m=1}^{N_x}\sum_{n=1}^{N_y} M_{pqmn}A_{mn} + N_{pqmn}B_{mn} = \beta^2 A_{pq}$$
$$\sum_{m=1}^{N_x}\sum_{n=1}^{N_y} R_{pqmn}A_{mn} + S_{pqmn}B_{mn} = \beta^2 B_{pq} \tag{II.15}$$

Les éléments constituant la matrice D dans ce système sont donnés par les expressions suivantes :

$$M_{pqmn} = -(\frac{m^2\pi^2}{L_x^2}+\frac{n^2\pi^2}{L_y^2})\delta_{mp}\delta_{nq} + \frac{4k^2}{L_xL_y}\int_0^{Lx}\int_0^{Ly} n^2(x,y)S_m(x)S_p(x)S_n(y)S_q(y)dxdy$$
$$-\frac{8}{L_xL_y}\int_0^{Lx}\int_0^{Ly}\ln(n(x,y))[\sigma_p^2 S_m(x)S_p(x)S_n(y)S_q(y) - \sigma_p\sigma_m C_m(x)C_p(x)S_p(x)S_q(y)]dxdy \tag{II.16}$$

$$N_{pqmn} = \frac{8\sigma_p}{L_xL_y}\int_0^{Lx}\int_0^{Ly}\ln(n(x,y))[\rho_q S_m(x)C_p(x)C_n(y)S_q(y) + \rho_q S_m(x)C_p(x)S_n(y)C_q(y)]dxdy \tag{II.17}$$

$$R_{pqmn} = -(\frac{m^2\pi^2}{L_x^2}+\frac{n^2\pi^2}{L_y^2})\delta_{mp}\delta_{nq} + \frac{4k^2}{L_xL_y}\int_0^{Lx}\int_0^{Ly} n^2(x,y)S_m(x)S_p(x)S_n(y)S_q(y)dxdy$$
$$-\frac{8}{L_xL_y}\int_0^{Lx}\int_0^{Ly}\ln(n(x,y))[\rho_q^2 S_m(x)S_p(x)S_n(y)S_q(y) - \rho_q\rho_n S_m(x)S_p(x)C_n(x)C_q(y)]dxdy \tag{II.18}$$

$$S_{pqmn} = \frac{8\rho_q}{L_xL_y}\int_0^{Lx}\int_0^{Ly}\ln(n(x,y))[\sigma_m C_m(x)S_p(x)S_n(y)C_q(y) + \sigma_p S_m(x)C_p(x)S_n(y)C_q(y)]dxdy \tag{II.19}$$

Afin de simplifier l'écriture de ces éléments, nous avons opté pour la notation suivante $S_i(x)$ et $C_i(x)$ représentant respectivement $\sin(\dfrac{i\pi}{L_x} x)$ et $\cos(\dfrac{i\pi}{L_x} x)$.

Nous illustrons dans ce qui suit un développement du calcul pour évaluer à titre d'exemple l'intégrale de recouvrement I_1 qui constitue le second terme de la matrice M_{pqmn}.

$$I_1 = \int_0^{Lx}\int_0^{Ly} n^2(x,y)S_m(x)S_p(x)S_n(y)S_q(y)\,dxdy \qquad (\text{II.20})$$

En utilisant la résolution analytique du profil d'indice en utilisant l'équation (II.6), nous pouvons écrire I_1 de la forme suivante :

$$I_1 = n_{si}^2 \int_0^{Lx}\int_0^{Ly} S_m(x)S_p(x)S_n(y)S_q(y)\,dxdy + (n_{air}^2 - n_{si}^2)\sum_{(x_i,y_i)\in\Gamma}\int_{-a-\frac{b}{a}\sqrt{a^2-x^2}}^{+a\frac{b}{a}\sqrt{a^2-x^2}} S_m(x-x_i)S_p(x-x_i)S_n(y-y_i)S_q(y-y_i)\,dxdy \quad (\text{I.21})$$

En utilisant la propriété suivante

$$S_m(x-x_i)S_p(x-x_i) = \frac{1}{2}(C_{m-p}(x-x_i) - C_{m+p}(x-x_i)) \qquad (\text{I.22})$$

Nous aurons

$$\int_{-a-\frac{b}{a}\sqrt{a^2-x^2}}^{+a\frac{b}{a}\sqrt{a^2-x^2}} S_m(x-x_i)S_p(x-x_i)S_n(y-y_i)S_q(y-y_i)\,dxdy = \int_{-a-\frac{b}{a}\sqrt{a^2-x^2}}^{+a\frac{b}{a}\sqrt{a^2-x^2}} \frac{1}{4}(C_{m-p}(x-x_i)-C_{m+p}(x-x_i))\frac{1}{2}(C_{n-q}(y-y_i)-C_{n+q}(y-y_i))\,dxdy \quad (\text{I.23})$$

A l'aide de l'identité suivante [72] :

$$\int_{-a-\frac{b}{a}\sqrt{a^2-x^2}}^{+a\frac{b}{a}\sqrt{a^2-x^2}} \cos(A(x-x_i)+B(y-y_i))\,dxdy = \cos(Ax_i+By_i)\frac{2\pi ab}{\sqrt{a^2A^2+b^2B^2}}J_1(\sqrt{a^2A^2+b^2B^2}) \qquad (\text{II.24})$$

En utilisant la relation précédente (II.24), nous pouvons calculer l'intégrale I_1 :

$$I_1 = n_{si}^2 \frac{L_x L_y}{4}\delta_{mp}\delta_{nq} + \frac{1}{2}(n_{air}^2 - n_{si}^2)\sum_{(x_i,y_i)\in\Gamma}\left\{\sum_{j=1}^4 \sigma_j \frac{\pi ab}{\sqrt{a^2A_j^2+b^2B_j^2}}J_1(\sqrt{a^2A_j^2+b^2B_j^2})\cos(A_j x_i)\cos(B_j y_i)\right\} \quad (\text{II.25})$$

Avec J_1 la fonction de Bessel de première espèce d'ordre 1, A_j, B_j et σ_j sont donnés dans le tableau Tab.II.1.

j	σ_j	A_j	B_j
1	1	$\dfrac{(m+p)}{L_x}$	$\dfrac{(n+q)}{L_y}$
2	-1	$\dfrac{(m+p)}{L_x}$	$\dfrac{(n-q)}{L_y}$
3	-1	$\dfrac{(m-p)}{L_x}$	$\dfrac{(n+q)}{L_y}$
4	1	$\dfrac{(m-p)}{L_x}$	$\dfrac{(n-q)}{L_y}$

Tab.II.1: Coefficients de l'intégrale de recouvrement

Comme nous allons étudier l'influence des perturbations géométriques sur les propriétés optiques notamment la biréfringence, nous allons considérer le cas de trous elliptiques faisant un angle d'inclinaison quelconque. Sur chacun des trous d'air de forme elliptique, nous pouvons aussi appliquer un angle d'inclinaison que l'on note θ_r avec $r=1, \ldots, N$. Mathématiquement cette transformation n'affecte que les coefficients A_j et B_j avec $j=1, 2, 3$ et 4 contenus dans les équations et peut être écrite sous la forme matricielle suivante :

$$\begin{bmatrix} A'_j \\ B'_j \end{bmatrix} = \begin{bmatrix} \cos(\theta_r) & -\sin(\theta_r) \\ \sin(\theta_r) & \cos(\theta_r) \end{bmatrix} \begin{bmatrix} A_j \\ B_j \end{bmatrix} \tag{II.26}$$

b) Conditions aux limites

La résolution par la MG des équations de Maxwell nécessite la considération d'un domaine d'étude fini et de conditions que doivent respecter les composantes des champs aux limites de ce domaine. Ces conditions aux limites sont réalisées par des courts circuits électriques (CCE aussi appelés murs électriques).

- Condition de mur électrique

Appelons Γ_e le contour sur lequel est appliqué un court circuit électrique. Sur Γ_e, les champs électrique $\vec{E}$ et magnétique $\vec{H}$ sont tels que [66] :

$$\overrightarrow{n_e} \wedge \vec{E} = \vec{0} \tag{II.27a}$$

$$\overrightarrow{n_e} \cdot \vec{H} = 0 \tag{II.27b}$$

$$\overrightarrow{n_e} \wedge \vec{H} = \overrightarrow{J_e} \tag{II.27c}$$

$\overrightarrow{n}_e$ est le vecteur unitaire normal à ce contour. De manière analogue au cas précédent, le produit vectoriel $\overrightarrow{n}_e \wedge \vec{H}$ non nul permet de définir sur Γ_e la grandeur $\overrightarrow{J}_e$. Au niveau d'un mur électrique, la direction du vecteur champ électrique est orthogonale à Γ_e et celle du vecteur champ magnétique est parallèle à Γ_e.

La portion de contour Γ_3 représente la limite extérieure réelle de la fibre. On peut lui appliquer un CCE à condition de prendre soin que ce contour soit suffisamment éloigné de la zone guidante pour empêcher les réflexions du champ sur ce contour. Au niveau d'un CCE, les composantes tangentielles du champ électrique sont nulles ainsi que la composante normale du champ magnétique. Sur la Fig.II.4 nous avons représenté la distribution du champ électrique pour le mode HE_{11} ainsi que ses lignes de champs. Le contour Γ_3 correspond à la limite extérieure de la fibre. Nous pouvons appliquer un CCE à son niveau pour réaliser un « blindage » de la structure.

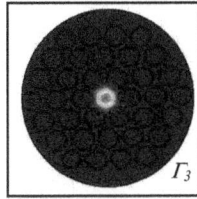

Fig.II.4 : Conditions aux limites pour une FMAS.

c) Etude de la convergence de la méthode

Nous avons montré que la distribution spatiale du champ électrique dans le plan transverse est décomposée sur une base de fonctions orthogonales de dimensions finies ce qui prouve que le nombre de termes qui composent cette base influe énormément sur la précision des résultats obtenus. Mais pour des raisons de temps de calcul et allocations de mémoires, celle-ci ne peut être trop élevée. Pour avoir une idée sur la précision des résultats de cette méthode, nous avons calculé, par simulation numérique, l'indice effectif du mode fondamental pour une FMAS donnée à la longueur d'onde $\lambda=630nm$. Pour tous nos calculs, la FMAS est caractérisée par 3 couronnes de trous ayant les paramètres $\Lambda=2.3\mu m$ et $d=1.1\mu m$. Le nombre de fonctions varie de $N=5$ à 40.

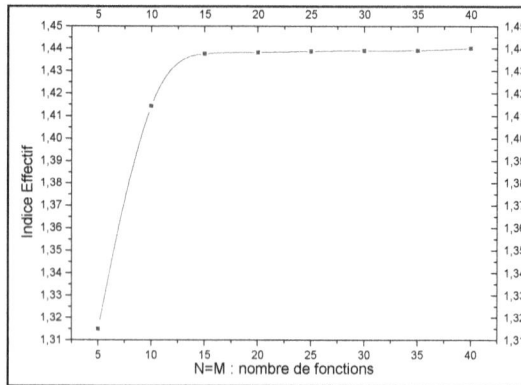

Fig.II.5 : Evolution de l'indice effectif pour λ=630nm.

Nous remarquons d'après la Fig.II.5 que la précision de la méthode numérique dépend fortement du nombre de fonctions utilisé. Nous estimons que la convergence de l'indice effectif est effective à partir de la valeur $N=M=20$. En outre, pour une précision de l'ordre de 10^{-4} sur l'évaluation de l'indice effectif du mode fondamental, une décomposition du champ électrique sur $N=M=40$ fonctions est nécessaire.

d) Détermination de la distribution du champ

A une longueur d'onde de 1500nm et pour une fibre FMAS caractérisée par ($\Lambda=2.3\mu m$, $d=0.7\mu m$), nous présentons dans la Fig.II.6 l'allure du champ électrique pour des trous disposés sous deux formes géométriques différentes, l'une triangulaire et l'autre carrée. Les paramètres de simulation sont les suivants $N=M=40$, les dimensions du domaine Γ sont égales à *[-20μm, 20μm].[-20μm, 20μm]*. En effet, la distribution de l'intensité du champ dépend de la disposition géométrique des trous. Nous pouvons affirmer que la forme des modes dans les FMAS dépend de l'arrangement des trous d'air et des dimensions de la fibre. Nous remarquons par exemple, que le profil du mode fondamental représenté en Fig.II.6 reflète bien l'arrangement triangulaire des trous d'air. Il est possible d'ajuster le profil du mode en incluant dans les interstices de silice des petits trous d'air qui vont empêcher la diffusion de l'onde lumineuse dans toute la structure.

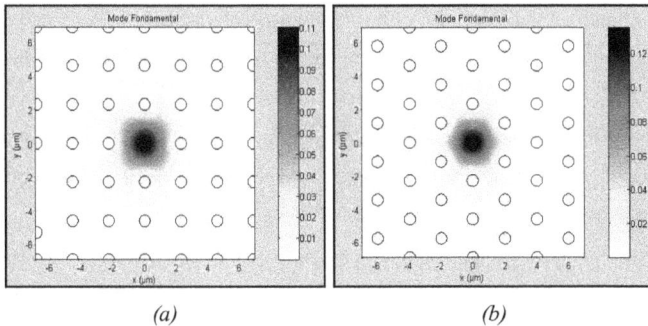

(a)   (b)

Fig.II.6 : (a) Zoom sur l'allure du mode fondamental pour une FMAS ayant une disposition
géométrique triangulaire et (b) carrée.

e) Avantages et limites de la méthode

La méthode de Galerkin est particulièrement efficace pour traiter les problèmes de guidage optique dans des structures bidimensionnelles ayant une géométrie bien particulière. En effet, plusieurs simplifications liées à cette propriété comme le calcul des intégrales de recouvrements de manière analytique permettent de limiter les erreurs numériques introduites et d'augmenter la rapidité du calcul. Suite à nos simulations, nous avons remarqué que le choix des fonctions trigonométriques comme fonctions de base génère une restriction du fait que ces fonctions ne s'annulent pas naturellement en tendant à l'infini. Il faut donc restreindre le domaine d'étude et forcer les fonctions à s'annuler sur les bords du domaine, de manière à correspondre aux modes guidés. Les résultats obtenus dépendent donc de la taille du domaine. Lorsque celui-ci est trop petit par rapport à la taille du mode guidé, il s'ensuit une erreur dans l'estimation de l'indice effectif et dans la forme exacte du mode.

III.1.2. Méthode des éléments finis

La méthode des éléments finis (MEF) est une méthode numérique le plus souvent utilisée pour la résolution d'équations aux dérivées partielles décrivant des phénomènes physiques. C'est une technique d'approximation des variables inconnues qui permet de transformer un système continu d'équations aux dérivées partielles en un système discret d'équations algébriques. Le comportement modal de la FMAS a ainsi pu être simulée par la MEF, développée par l'IRCOM [66]. Après définition de l'indice de réfraction des matériaux, la géométrie de la fibre est générée puis maillée par des triangles élémentaires. Dans chaque triangle élémentaire, la résolution de l'équation aux valeurs propres de Helmholtz donne les valeurs propres (les indices effectifs des modes) et les vecteurs propres (les champs électriques). La modélisation prend en compte toutes les rangées de capillaires. Les trous et les interstices présents entre les capillaires doivent être pris en compte dans la modélisation comme étant remplis d'air. Cette méthode de modélisation nécessite en premier lieu le découpage du domaine d'étude en sous-espaces élémentaires et la définition des conditions non triviales aux limites de ce domaine borné. La première étape consiste à diviser convenablement le domaine d'étude (la section droite de la fibre) en un nombre fini de sous espaces qui peuvent, à priori, avoir des formes et des tailles différentes et être affectées de caractéristiques physiques différentes.

Dans la seconde étape, nous transformons l'équation différentielle à résoudre en une équation intégrale qui peut être traitée par les éléments finis. De plus amples détails sur cette méthode pourront être retrouvées dans la thèse d'Ambre Peyrilloux [66]. Nous aboutissons finalement à un système d'équations aux valeurs propres de la forme :

$$[A]\{\Phi\} - n_e[B]\{\Phi\} = \{0\} \tag{II.28}$$

Où le vecteur propre Φ est la distribution vectorielle du champ magnétique (E_x, E_y, E_z) aux points nodaux et n_e est la valeur propre associée. C'est la résolution de ce système qui constitue la troisième étape de la résolution du problème par la méthode des éléments finis.

a) Maillage des structures

Avant de calculer les modes guidés dans une FMAS, il faut d'abord décrire et mailler la structure à étudier (Fig.II.7). Ces deux étapes sont réalisées grâce à la technique de détermination du profil d'indice. Comme l'indice du milieu est invariant dans un sous-espace donné, on comprend bien que la description précise d'une structure nécessite que l'interface entre deux milieux d'indices différents soit parfaitement épousée par les bords du maillage.

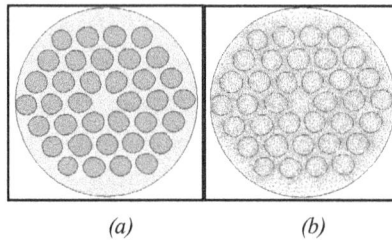

(a)   (b)

Fig.II.7 : (a) Schéma d'une FMAS à modéliser ($\Lambda = 2.4\ \mu m$ et $d = 1,8\ \mu m$) et (b) maillée

L'exactitude des résultats dépend de la régularité des sous espaces ainsi que de la finesse du maillage. En ce qui concerne la finesse du maillage des trous, il ne faut pas que les plus grandes dimensions des mailles soient supérieures au rayon des trous. De plus, la taille des mailles par rapport à la longueur d'onde λ influe sur les calculs et la validité des résultats. Il faut utiliser des tailles de maille suffisamment petites par rapport à la longueur d'onde de travail. En pratique, il est nécessaire de choisir des tailles de mailles de l'ordre de $\lambda/10$ pour le cœur et $\lambda/5$ pour la gaine microstructurée. On notera cependant qu'il est possible, sans affecter la justesse des résultats, de considérer un maillage plus gros dans les régions où le champ électromagnétique recherché présente une faible amplitude.

b) Détermination des modes guidés

Lorsque la structure étudiée a été correctement maillée et que les conditions aux limites ont été appliquées sur les contours, nous utilisons la MEF pour déterminer les modes guidés. L'utilisateur a accès aux cartographies des champs électriques ainsi qu'aux constantes de propagation des modes. Ces champs peuvent être représentés en module ou sous forme de vecteurs. Sachant que la constante de propagation β des modes guidés d'une FMAS doit vérifier la relation (II.29) :

$$kn_{gaine} < \beta < kn_{silice} \qquad (II.29)$$

L'indice de la gaine n_{gaine} est obtenu en calculant l'indice effectif de la gaine (ou la constante de propagation) du mode fondamental de la gaine microstructurée supposée infinie.

Le mode fondamental est celui dont la fraction d'énergie localisée dans la silice est la plus importante, comme décrit dans la Fig.II.8. Il possède l'indice effectif le plus élevé.

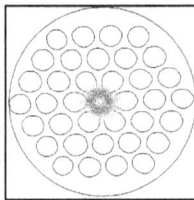

Fig.II.8 : Répartition du mode fondamental d'une FMAS ($\Lambda=2.4\mu m$ et $d=1.8\mu m$)

III.1.3. Comparaisons entre la MG et la MEF

Afin de valider la méthode de Galerkin, nous avons confronté nos résultats de simulation obtenus avec ceux de la MEF. Nous avons comparé les indices effectifs pour des FMAS à faible aire effective. Le profil choisi est composé de 3 couronnes de trous de diamètre d et espacés de Λ.

a) Comparaisons à 1.55µm

Nous avons réalisé des abaques d'indice effectifs en fonction des paramètres géométriques (d et Λ) des FMAS considérées à $\lambda=1.55\mu m$ avec la MG et la MEF comme le montre la Fig.II.9.

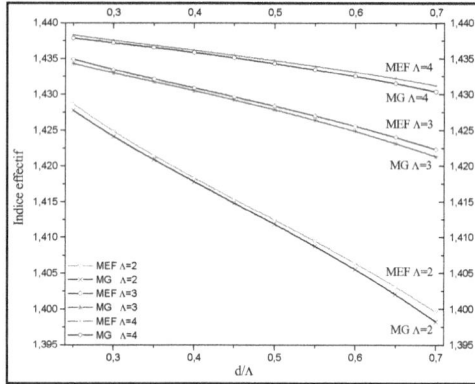

Fig.II.9 : Comparaison des indices effectifs calculés à 1.55µm en fonction de d/Λ par la MEF et la MG.

L'écart entre les indices effectifs calculés par la MEF et par la MG est proportionnel au rapport d/Λ. Par exemple pour $\Lambda=3\mu m$, l'écart relatif à la moyenne des valeurs de l'indice effectif du mode fondamental trouvées par la MG et par la MEF vaut *0.04%* à $d/\Lambda=0.25$ et *0.07%* à $d/\Lambda=0.7$. Ceci s'explique par la dépendance de la répartition du champ électrique en fonction des paramètres optogéométriques de la FMAS, les conditions limites et les conditions d'application de chaque méthode (maillage, nombre de fonctions, domaine d'étude).

En effet, lorsque la proportion d'air est grande, le champ est fortement confiné dans le cœur. Au contraire lorsque la proportion d'air diminue, le champ s'étend de plus en plus entre les couronnes de trous et la variation du champ devient importante. De plus, les calculs effectués avec la MEF sont moins précis pour les profils associant une faible proportion d'air à une petite valeur de Λ en raison de l'augmentation nécessaire de la taille de la maille de discrétisation. L'écart relatif entre les résultats des deux méthodes est inférieur à *0.1%* pour tous les profils.

b) Comparaisons en fonction de la longueur d'onde

Les profils que nous avons choisi de modéliser sont des profils à petit et grand cœur ($\Lambda=2\mu m$ et $4\mu m$) à petite et grande proportion d'air ($d/\Lambda=0.27$ et 0.44). Nous avons comparé les résultats de la MEF à ceux de la MG sur les mêmes caractéristiques de propagation en fonction de la longueur d'onde pour ces différents profils de FMAS. Les courbes de l'indice effectif du mode fondamental calculées pour ce profil avec les deux méthodes sont tracées en fonction de la longueur d'onde de travail dans la Fig.II.10.

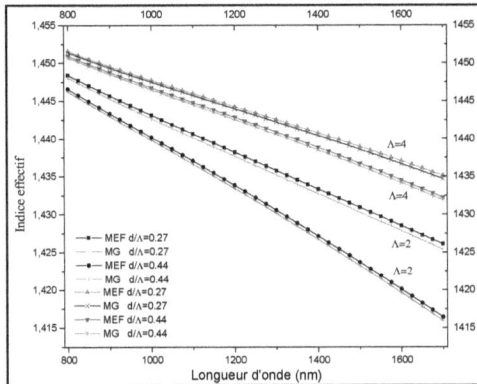

Fig.II.10 : Indices effectifs calculés par la MEF et la MG en fonction de la longueur d'onde pour quatre FMAS ayant différents paramètres géométriques.

L'écart entre les résultats augmente légèrement avec la longueur d'onde. En fait, lorsque la longueur d'onde augmente, le champ s'étend de plus en plus dans les régions où la grille est plus grossière. De plus, la forme circulaire des trous d'air est approchée par un polygone entraînant des erreurs de calcul supplémentaires. Lorsque la proportion d'air est suffisante compte tenu de la longueur d'onde d'étude, la MG permet de prédire les propriétés optiques des FMAS très rapidement et avec une précision acceptable. Elle permet d'accélérer la recherche de paramètres d et Λ pour l'obtention d'une dispersion choisie. La MG est donc un outil numérique très intéressant à utiliser en complément d'une méthode plus lourde comme la MEF par exemple.

III.2 Méthodes Propagatives

Les deux méthodes qui ont été adoptées pour la simulation du champ au cours de sa propagation dans les FMAS sont la méthode des différences finies dans le domaine temporel

FDTD (Finite Difference Time Domain) [77] et la méthode du faisceau propagé vectorielle approchée par les différences finies FD-VBPM (Finite Difference-Vectorial Beam Propagation Method) [62,78-79]. Etant donné que la BPM scalaire a été développée au sein du laboratoire SysCom, nous avons choisi de l'adapter pour développer et implémenter la FD-VBPM.

III.2.1. Méthode du faisceau propagé vectorielle

Dans un premier temps nous établirons les équations de propagation utilisées, puis nous présenterons la méthode et les algorithmes de résolution. Nous terminerons par donner un aperçu sur les résultats que peut nous fournir la méthode pour différentes FMAS.

a) Principe de la FD-VBPM

La méthode du faisceau propagé est l'une des méthodes les plus utilisées dans la conception et la simulation de composants optiques. Elle permet de déterminer à partir d'un champ incident, la distribution du champ électrique ou magnétique à l'intérieur d'une structure quelle que soit sa complexité. Le champ électromagnétique total transporté dans un guide d'onde peut être exprimé en terme du champ électrique ou magnétique donnant ainsi l'équation d'onde. Dans cette partie, une modélisation de champ électrique est considérée. L'équation d'onde exprimée en terme de champ magnétique peut être dérivée de la même façon. L'analyse d'un guide ayant un fort contraste transversal du profil d'indice est compliqué et ne peut se faire qu'avec des équations d'ondes vectorielles ou semi vectorielles puisqu'il peut y avoir un changement de polarisation et un effet de couplage entre les différents modes qui se propagent.

En prenant l'équation (II.1-4), elle peut être décomposée en composantes transverses x, y et en composante de propagation selon z [80]:

$$\nabla . n^2 \vec{E} = \frac{\partial}{\partial x} n^2 E_x + \frac{\partial}{\partial y} n^2 E_y + \frac{\partial}{\partial z} n^2 E_z = \nabla_t n^2 E_t + \frac{\partial}{\partial z} n^2 E_z = 0 \qquad \text{(II.30)}$$

Dans la méthode FD-VBPM, la variation de l'indice de réfraction est supposée localement invariante dans la direction de propagation, ce qui est le cas aujourd'hui de la plupart des FMAS. Cette hypothèse peut être traduite mathématiquement par:

$$\frac{\partial E_z}{\partial z} \approx \frac{1}{n^2} \nabla_t .(n^2 E_t) \qquad \text{(II.31)}$$

En remplaçant la composante en z par son expression donnée par (II.31), nous obtenons:

$$\nabla.\vec{E} = \frac{\partial}{\partial x}E_x + \frac{\partial}{\partial y}E_y + \frac{1}{n^2}\nabla_t.(n^2 E_t) \tag{II.32}$$

Enfin, nous aboutissons à la forme matricielle reliant les composantes en x et y:

$$\begin{pmatrix} \dfrac{\partial}{\partial x}\dfrac{1}{n^2}\dfrac{\partial}{\partial x}n^2 + \dfrac{\partial^2}{\partial y^2} + \dfrac{\partial^2}{\partial z^2} + k^2 & \dfrac{\partial}{\partial x}\dfrac{1}{n^2}\dfrac{\partial}{\partial y}n^2 - \dfrac{\partial}{\partial x}\dfrac{\partial}{\partial y} \\[2ex] \dfrac{\partial}{\partial y}\dfrac{1}{n^2}\dfrac{\partial}{\partial x}n^2 - \dfrac{\partial}{\partial y}\dfrac{\partial}{\partial x} & \dfrac{\partial}{\partial y}\dfrac{1}{n^2}\dfrac{\partial}{\partial y}n^2 + \dfrac{\partial^2}{\partial x^2} + \dfrac{\partial^2}{\partial z^2} + k^2 \end{pmatrix}\begin{pmatrix} E_x \\ E_y \end{pmatrix} = \begin{pmatrix} 0 \\ 0 \end{pmatrix} \tag{II.33}$$

Ces différentes équations montrent bien l'effet de couplage entre les deux composantes transverses du champ. Elles présentent un système d'équations aux dérivées partielles couplées qui peuvent être résolues par les différences finies.

Le calcul est effectué en divisant la structure en « tranches » espacées d'un pas Δz et en résolvant les équations de propagation dans chaque tranche $(z+1)$ à partir du champ connu dans la tranche précédente, z étant la direction de propagation comme le montre la Fig.II.11.

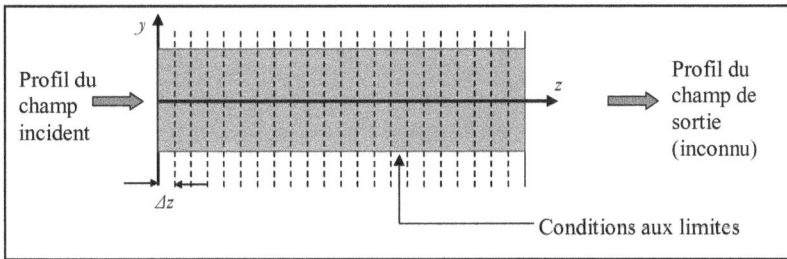

Fig.II.11 : Discrétisation de la structure selon la direction de propagation z

En toute rigueur, les équations de propagation à résoudre sont vectorielles, mais en pratique, étant donnée la complexité de ces équations, nous admettons certaines approximations. Les différentes BPM se particularisent aussi bien par les approximations considérées que par la technique de résolution des équations de propagation. Ces restrictions facilitent considérablement la résolution des équations de propagation tout en n'étant pas trop restrictives. Elles offrent en revanche la possibilité de modifier les caractéristiques du guide sur l'axe de propagation afin de modéliser par exemple la transition progressive dans l'épissure entre deux fibres différentes, le rayon de courbures, etc.

- Approximation paraxiale

L'approximation paraxiale considère de faibles variations de l'amplitude du champ pendant la propagation. Elle est applicable à une vaste gamme de structures telles que les fibres microstructurées. Mathématiquement, elle peut être formulée par : $\dfrac{\partial^2 E_z}{\partial z^2} \approx 0$.

- Approximation de la variation lente de l'enveloppe :

Dans ce travail qui consiste à étudier la propagation dans les FMAS, nous avons utilisé l'approximation paraxiale et l'approximation de la variation lente de l'enveloppe vu la facilité d'implémentation de la méthode, l'exactitude des résultats obtenus et la convergence assurée pour les structures telles que les FMAS.

b) VBPM aux différences finies à 3 dimensions

L'algorithme BPM repose sur la méthode des différences finies pour la discrétisation de la répartition du champ injecté dans le guide ainsi que la fonction de l'indice de réfraction comme décrit la Fig.II.12. Ainsi, si nous notons le champ électrique par:

$$E(x, y, z) \rightarrow E_{i,j}^s$$

Avec:

- i: identificateur de la position transversale selon l'axe des x
- j: identificateur de la position transversale selon y
- s: identificateur de la position longitudinale selon l'axe des z

Le schéma des différences finies permet de développer les valeurs des dérivées d'une fonction en un point à l'aide des valeurs de cette fonction.

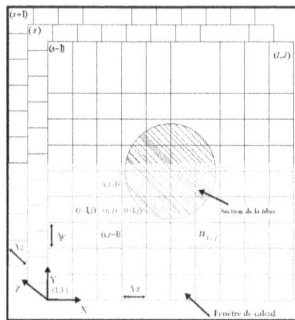

Fig.II.12 : Principe de discrétisation par les différences finies [81]

L'implémentation standard de l'algorithme FD-VBPM se base sur le schéma de Crank Nicholson. Cette méthode est utilisée pour la discrétisation spatiale en considérant le pas en $z+\Delta z/2$. L'intérêt de ce schéma est de pouvoir exprimer la dérivée seconde du champ électrique par rapport à x en fonction des deux valeurs successives de ce champ selon la direction de propagation. Plus concrètement, nous montrons à partir d'un développement de Taylor que les premières et secondes dérivées du champ électrique peuvent s'écrire:

$$\frac{\partial E_x}{\partial z}\bigg|_{i,j}^s = \frac{E_{i,j}^{s+1} - E_{i,j}^{s-1}}{2\Delta z} \tag{II.34}$$

$$\frac{\partial^2 E_x}{\partial y^2}\bigg|_{i,j}^s = \frac{E_{i,j+1}^s - 2E_{i,j}^s + E_{i,j-1}^s}{(\Delta y)^2} \tag{II.35}$$

Avant de commencer le traitement pour la recherche du champ électromagnétique à travers la structure à étudier, cette dernière est subdivisée en une grille spatiale. En substituant les équations (II.34-35) dans (II.33), nous obtenons les quatre équations approchées par les différences finies suivantes:

$$\frac{\partial}{\partial x}[\frac{1}{n^2}\frac{\partial}{\partial x}(n^2 E_x)] = \frac{1}{(\Delta x)^2}\left[\frac{2n_{i+1,j}^2}{n_{i+1,j}^2 + n_{i,j}^2}E_{i+1,j} - 2n_{i,j}^2\left(\frac{1}{n_{i-1,j}^2 + n_{i+1,j}^2} + \frac{1}{n_{i,j}^2 + n_{i+1,j}^2}\right)E_{i,j} + \frac{2n_{i-1,j}^2}{n_{i-1,j}^2 + n_{i,j}^2}E_{i-1,j}\right] \tag{II.36}$$

$$(n^2 - n_0^2)k^2 E_x = (n_{i,j}^2 - n_0^2)k^2 E_{i,j} \tag{II.37}$$

$$\frac{\partial}{\partial x}[\frac{1}{n^2}\frac{\partial}{\partial y}(n^2 E_y)] = \frac{1}{4\Delta x\Delta y}\left[\frac{n_{i+1,j+1}^2}{n_{i+1,j}^2}E_{i+1,j+1} - \frac{n_{i+1,j-1}^2}{n_{i+1,j}^2}E_{i+1,j-1} - \frac{n_{i-1,j+1}^2}{n_{i-1,j}^2}E_{i-1,j+1} + \frac{n_{i-1,j-1}^2}{n_{i-1,j}^2}E_{i-1,j-1}\right] \tag{II.38}$$

$$\frac{\partial^2 E_y}{\partial x.\partial y} = \frac{1}{4.\Delta x.\Delta y}\left[E_{i+1,j+1} - E_{i+1,j-1} - E_{i-1,j+1} + E_{i-1,j-1}\right] \tag{II.39}$$

Pour exprimer le champ en $(z+1)$ en fonction de celui en z, nous utilisons le schéma de Crank Nicholson:

Pour la composante transverse E_x :

$$j\frac{E_{i,j}^{z+1} - E_{i,j}^z}{\Delta z} = \frac{1}{2}P_{xx}\left(E_{i,j}^{z+1} + E_{i,j}^z\right) + P_{xy}E_y^z \tag{II.40}$$

De même pour la composante transverse E_y :

$$j\frac{E_{i,j}^{z+1} - E_{i,j}^{z}}{\Delta z} = \frac{1}{2}P_{yy}\left(E_{i,j}^{z+1} + E_{i,j}^{z}\right) + P_{yx}E_{x}^{z} \qquad (II.41)$$

En regroupant les termes en $(z+1)$ et ceux en z, nous aurons:

$$\left[1 + \frac{1}{2}j\Delta zP_{xx}\right]E_{i,j}^{z+1} = \left[1 - \frac{1}{2}j\Delta zP_{xx}\right]E_{i,j}^{z} - j\Delta zP_{xy}E_{y}^{z} \qquad (II.42)$$

De même pour Ey:

$$\left[1 + \frac{1}{2}j\Delta zP_{yy}\right]E_{i,j}^{z+1} = \left[1 - \frac{1}{2}j\Delta zP_{yy}\right]E_{i,j}^{z} - j\Delta zP_{yx}E_{x}^{z} \qquad (II.43)$$

Avec

$$P_{xx} = \frac{\partial^2}{\partial y^2} + (n^2 - n_0^2)k^2 + \frac{\partial}{\partial x}\left[\frac{1}{n^2}\frac{\partial}{\partial x}(n^2)\right] \qquad (II.44)$$

$$P_{xy} = \frac{\partial}{\partial x}\left[\frac{1}{n^2}\frac{\partial}{\partial y}(n^2) - \frac{\partial^2}{\partial x\partial y}\right] \qquad (II.46)$$

$$P_{yy} = \frac{\partial^2}{\partial x^2} + (n^2 - n_0^2)k^2 + \frac{\partial}{\partial y}\left[\frac{1}{n^2}\frac{\partial}{\partial y}(n^2)\right] \qquad (II.47)$$

$$P_{yx} = \frac{\partial}{\partial y}\left[\frac{1}{n^2}\frac{\partial}{\partial x}(n^2) - \frac{\partial^2}{\partial x\partial y}\right] \qquad (II.48)$$

Il s'agit d'un système d'équations couplées dont la résolution est réduite à celle d'un système matriciel dont l'inconnue est le vecteur d'ordre $(z+1)$ qui peut-être résolu directement ou en utilisant la méthode BI-CGSTAB (Biconjugate Gradients Stabilized) [82]. Cette méthode manipule des matrices 'sparse' permettant de réduire l'utilisation de la mémoire et le temps de calcul qui se trouve assez lourd dans le cas de la résolution directe des équations (II.42-43).

c) Conditions aux limites

Afin de développer une méthode exhaustive, nous devons soulever le problème de réflexion des modes rayonnés sur les bords de la fenêtre de calcul. En effet, le fait de considérer le champ électrique nul au-delà de la fenêtre de calcul, introduit en présence des modes rayonnés aux frontières d'importantes discontinuités. Nous assisterons en conséquence à un problème de réflexion sur les bords générant des erreurs de simulation. Pour surmonter ce problème, plusieurs méthodes ont été mises en place. Parmi elles, nous citons la méthode Absorbing Boundary Condition (*ABC*) qui est basée sur l'ajout d'une couche artificielle de matériau absorbant autour de la fenêtre de calcul compensant ainsi les pertes par rayonnements. Cependant, son application requiert des ressources importantes en terme de puissance de calcul. Pour y remédier, la méthode Transparent Boundary Condition (*TBC*) a été proposée [83]. Elle se fonde sur l'hypothèse du comportement exponentiel du champ au niveau des bords. Plus récemment, en *1994*, Berenger a introduit une amélioration de la méthode ABC qui a été désignée par Perfectly Matched Layer (*PML*) [84]. Dans cette section, nous mettrons l'accent sur les deux dernières méthodes car elles sont les plus utilisées dans la modélisation des conditions aux limites.

- Méthode *TBC*

L'algorithme *TBC* est décrit de façon à simuler des bords non existants. Il est implémenté dans la méthode du faisceau propagé. Son approximation de base suppose que les radiations du champ peuvent être approchées par une exponentielle complexe à côté du bord. Le champ à l'extérieur de la fenêtre de calcul est calculé en utilisant cette approximation, rendant ainsi la limite transparente et permettant à l'énergie d'affronter la région de simulation. L'évaluation du « point virtuel » en dehors de la zone de simulation est déduite à partir des points qui lui sont adjacents comme c'est illustré dans la Fig.II.13.

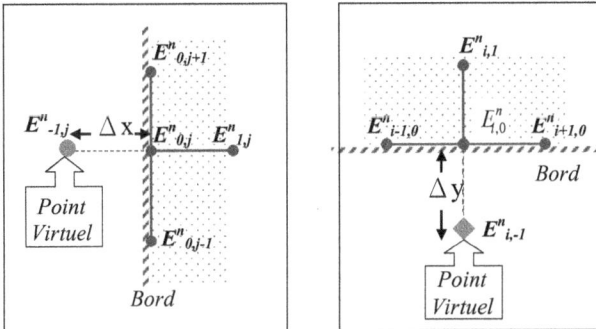

Fig.II.13: Points de simulation des conditions aux limites

Pour la détermination de $E(i+1,j)$, cette approximation est traduite par:

$$\frac{E(i-1,j)}{E(i,j)} = \frac{E(i,j)}{E(i+1,j)} = \exp(-j\alpha\Delta x) \qquad (II.49)$$

L'évaluation de α est réalisée par l'algorithme *TBC*. En revenant à l'hypothèse du comportement exponentiel du champ au niveau des bords, nous pouvons conclure que la partie réelle de α décrit la variation de la phase aux bords, alors que la partie imaginaire décrit les dérivations de l'amplitude du champ.

En effet, l'algorithme commence par le calcul du paramètre α, ensuite la valeur de E au point de bord est redéfinie afin d'assurer que (II.49) est satisfaite en utilisant la valeur de α qu'on vient de calculer. Le pas de propagation est effectué en utilisant la simple condition linéaire de bord:

$$E_i^{s+1} = E_{i-1}^{s+1} \exp(j\alpha\Delta x) \qquad \text{(II.50)}$$

D'après la littérature, cet algorithme a prouvé son efficacité quant à la simulation de l'effet de bord avec des résultats fiables et précis. De plus, il est facilement incorporé dans le schéma de Crank Nicholson.

- Méthode PML

Cette méthode a été développée en se basant sur l'algorithme *ABC*, qui consiste à l'ajout d'une région fictive d'absorption adjacente aux bords. Cette région serait capable d'absorber les rayons sortants de la fenêtre. Tout comme la *TBC*, cette méthode requiert un nombre de points additionnels dans la grille de calcul. Le principe de la *PML* est basé sur le fait que l'introduction d'un absorbant implique que la composante transverse des coordonnées du système x devienne complexe aux niveaux des bords de simulation et s'écrit sous la forme:

$$x(\sigma) = \int_0^\sigma (1 - i.p(\sigma))d\sigma \qquad \text{(II.51)}$$

On note σ la distance dans le *PML* (en μm, initialisée à zéro au bord intérieur du PML).

$p(\sigma)$ est l'équation qui décrit le profil de la couche *PML*. Il est déterminé de façon à éviter les réflexions à l'intérieur de la zone de simulation.

Contrairement à d'autres méthodes qui simulent des matières absorbantes au bord de l'espace de simulation, où la transition dans la région absorbante est graduelle et aussi lisse que possible pour éviter les réflexions, le *PML* emploie une transition raisonnablement escarpée dans une haute région absorbante sans le risque de réflexions, résultant en une méthode effective et fiable.

III.2.2. Etude de la propagation dans les FMAS

Nous représentons la distribution du champ électrique pour différents paramètres de FMAS dans la Fig.II.14. La simulation du champ a été faite en utilisant la FD-VBPM pour un pitch $\Lambda=2.4\mu m$ à $\lambda=1.55\mu m$ et pour distance de propagation égale à $10cm$. Les pas de discrétisation ont été choisis égaux à $\Delta x=0.1\mu m$, $\Delta y=0.1\mu m$ et $\Delta z=0.25\mu m$. Le champ est présenté après l'établissement du mode fondamental.

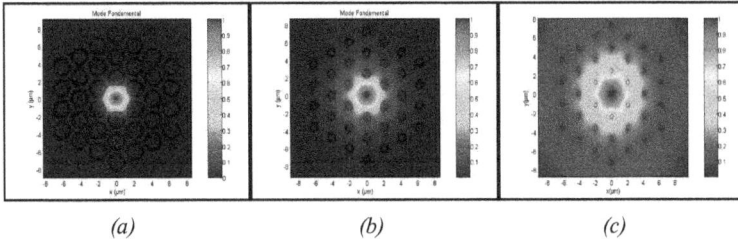

(a)   *(b)*   *(c)*

Fig.II.14 : Allure du champ à $\lambda=1.55\mu m$ pour (a) $d/\Lambda=0.75$ (b) $d/\Lambda=0.375$ (c) $d/\Lambda=0.1875$.

La simulation de la propagation du champ montre que la distribution du champ dépend des paramètres optogéométriques de la fibre considérée. Nous remarquons que le champ est confiné dans le cœur d'autant plus que le diamètre des trous augmente (resp. la distance inter trous diminue). En effet, lorsque la proportion d'air présent dans la fibre diminue, l'indice effectif du mode fondamental tend vers la valeur de l'indice de réfraction de la silice. Autrement dit, plus le rapport d/Λ grandit, et plus il y aura de modes piégés dans le coeur de la fibre assurant plus de confinement du champ dans la région de silice.

IV. Conclusion

Nous avons cité dans ce chapitre deux types de méthodes de modélisation de FMAS à savoir les méthodes modales et propagatives. Nous avons sélectionné la méthode de Galerkin vu que c'est une méthode analytique rapide, efficace traitant des profils d'indices idéaux. Cette méthode présente toutefois quelques limites mais peut être considérée comme une méthode relativement simple à mettre en oeuvre. Nous avons également adapté la MEF pour traiter des profils d'indice réels.

Nous nous servirons de ces méthodes pour déterminer les propriétés optiques des FMAS qui seront étudiées en détails dans le prochain chapitre. Nous avons aussi mis l'accent sur la méthode de faisceau propagé vectorielle. Cette méthode complète les méthodes citées précédemment en permettant de suivre l'évolution du champ tout au long de sa propagation dans la structure. Cette méthode est particulièrement utile dans l'étude des pertes aux raccordements entre les fibres optiques standard et les fibres microstructurées et les pertes aux courbures comme décrit dans le chapitre IV.

Chapitre III Etude de la biréfringence et de la longueur d'onde de coupure

I. Introduction

Une grande variété de méthodes de modélisations numériques sont actuellement disponibles pour la détermination des propriétés de propagation des FMAS. Si les modèles permettent de prévoir les propriétés de propagation de structures idéales (forme de trous circulaires, positionnement et taille réguliers, etc…), très peu de travaux de modélisation ou de mesures avaient été effectués sur des structures réelles. Nous nous sommes intéressés à quelques unes des propriétés optiques les plus importantes des FMAS: la biréfringence et la longueur d'onde de coupure du second mode. Les variations aléatoires des formes et des positions des trous d'air, inhérentes à la fabrication des FMAS, remettent en cause la validité des prévisions basées sur les fibres parfaites. Ces perturbations géométriques ont un effet considérable sur sa biréfringence. Dans ce chapitre, nous mesurons la biréfringence de groupe grâce à la méthode du spectre cannelé. A l'aide d'une étude numérique, nous comparons les résultats numériques et expérimentaux. Ensuite, nous reportons les effets de légères imperfections géométriques sur la biréfringence. Enfin, nous mesurons la longueur d'onde de coupure du second mode des FMAS en adaptant une méthode prévue à l'origine pour les fibres standard.

II. Etude de la biréfringence

Les fibres FMAS classiques à cœur plein, dont la gaine est constituée d'un arrangement triangulaire régulier de trous sont censées ne pas être biréfringentes car leur structure possède une symétrie de $\pi/3$ [26]. Pourtant, la plupart des fibres réelles dont la structure semble régulière sont fortement biréfringentes. Afin de comprendre ce phénomène, nous présentons, les résultats de mesures et de calculs de biréfringence obtenus sur quatre FMAS différentes dont les caractéristiques (distance entre deux trous Λ et diamètre d'un trou d) sont reportées dans le tableau Tab.III.1.

Nous nous attachons ici à travailler sur des structures réelles afin de quantifier l'influence des facteurs liées à la géométrie. L'étude théorique de la biréfringence dans les fibres testées a été effectuée à l'aide de la méthode de éléments finis (MEF). Pour chaque fibre étudiée, une image de la coupe transverse est réalisée avec soin au microscope électronique à balayage. Après traitement numérique, l'image sert de base à la réalisation d'un maillage en sous espaces élémentaires et les équations de Maxwell (formulation vectorielle) sont résolues à chaque nœud du maillage (cf. Chap.II, $\S 3.1.2$). Les indices effectifs n_{effx} et n_{effy} des deux modes de polarisation sont ensuite calculés. La valeur de la biréfringence obtenue traduit donc exclusivement les effets des imperfections géométriques de la fibre.

II.1 Mesure de la biréfringence

Nous avons utilisé un banc de mesure de la dispersion du mode de polarisation (Polarization Mode Dispersion : *PMD*) par la méthode du spectre cannelé comme décrit dans la Fig.III.1. Cette méthode ne permet pas de mesurer directement la biréfringence. La grandeur caractérisée est la PMD qui est fonction de la biréfringence et de sa variation en fonction de la longueur d'onde. C'est une méthode couramment utilisée pour caractériser la biréfringence dans les fibres fortement biréfringentes standard.

La Fig.III.1 décrit la technique de mesure de la biréfringence de groupe des FMAS réelles en utilisant la méthode du spectre cannelé. La lumière provenant d'une source large spectre est polarisée puis injectée à 45° par rapport aux axes neutres d'un échantillon de longueur L de fibre sous test. Par conséquent, les deux modes de polarisation reçoivent une quantité d'énergie égale. Le spectre de puissance transmise à travers un analyseur positionné en sortie de fibre (axes neutres de la fibre à 45° de l'axe de transmission de l'analyseur) est mesuré. Lorsque la fibre est biréfringente, le spectre affiché à l'aide d'un analyseur de spectre optique, présente des modulations.

Il faut toutefois s'assurer que le faisceau est parallèle quand il transverse les polariseurs en réglant minutieusement la position des fibres à la focale des objectifs de microscope utilisés comme collimateurs. Il faut également vérifier qu'aucune courbure, torsion ou tension mécanique n'est appliquée à la fibre. L'orientation des polariseurs est réglée de manière à obtenir des oscillations dans le spectre d'amplitude maximale. Dans ce cas, les polariseurs sont considérés comme correctement orientés par rapport aux axes propres de la fibre.

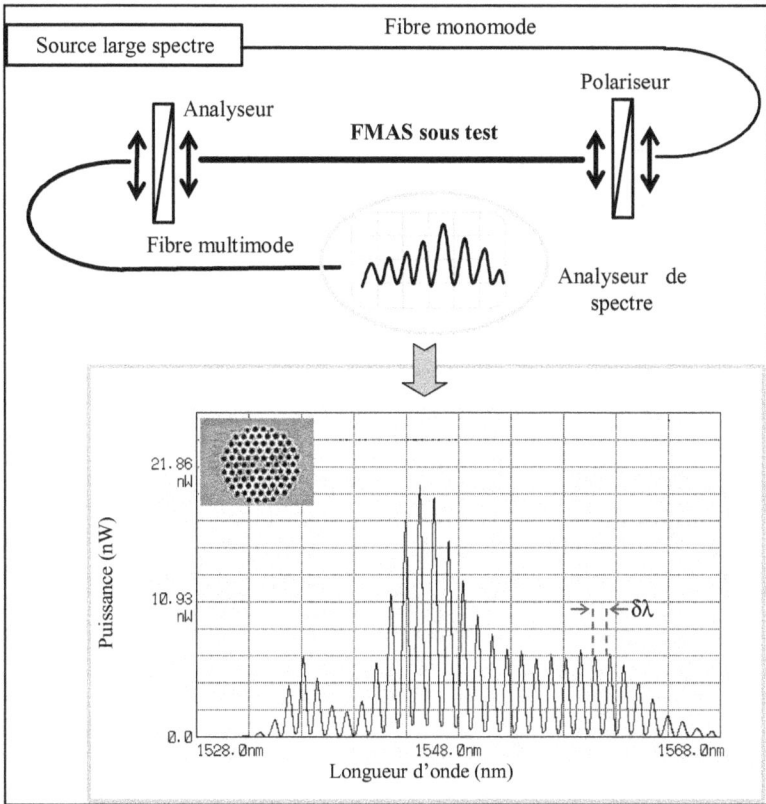

Fig.III.1: Représentation schématique du montage mis en œuvre pour la mesure de la biréfringence du groupe de la FMAS

Le retard de phase entre les deux modes de polarisation après propagation dans la fibre sur une longueur L vaut :

$$\phi = \frac{2\pi}{\lambda} \left| n_{effx} - n_{effy} \right| L = \frac{2\pi}{\lambda} B_\varphi L \qquad \text{(III.1)}$$

Ce retard de phase croit linéairement au cours de la propagation. La longueur de propagation correspondant à un déphasage de 2π est la longueur de battement entre les deux modes de polarisation. D'après la relation, elle est égale à :

$$L_B = \frac{\lambda}{B_\varphi} \qquad (III.2)$$

La biréfringence d'une fibre est à l'origine d'une différence de temps de propagation de groupe $\Delta\tau_{PMD}$ entre les deux modes de polarisation. Au premier ordre et en l'absence de couplage entre les deux polarisations, la dispersion de polarisation PMD dans une fibre de longueur L vaut [66] :

$$PMD = \frac{d\Delta\beta_{PMD}}{d\omega} = \frac{\Delta\tau_{PMD}}{L} \qquad (III.3)$$

Nous obtenons donc un système d'interférences entre les deux modes de polarisation. La périodicité des franges d'interférence dans le spectre d'intensité détecté par l'analyseur de spectre vaut :

$$\delta\omega = \frac{2\pi}{L}\left(\frac{d\Delta\beta_{PMD}(\omega)}{d\omega}\right)^{-1} \qquad (III.4)$$

L'intensité qui traverse ce polariseur est injectée dans une fibre multimode connectée à un analyseur de spectre optique. La biréfringence de groupe peut donc être directement déduite de la mesure de l'interfrange du spectre cannelé affiché :

$$B_g = \frac{\lambda_0^2}{L\delta\lambda} \qquad (III.5)$$

II.2 Caractérisation des FMAS

La biréfringence de groupe de quatre FMAS a été mesurée et calculée précisément en tenant compte de leur structures réelles. La forte influence sur la biréfringence d'imperfections géométriques, même petites, a été démontrée. Cette contribution est d'autant plus importante que l'interaction du champ guidé avec les trous est plus forte. La différence des indices effectifs trouvés donne la biréfringence de phase due aux imperfections de la géométrie de la section droite (défauts de symétrie). Ce calcul est effectué sur une plage spectrale large de *900nm* à *1650nm* comme le montre la Fig.III.2.

	Propriété	FMAS1	FMAS2	FMAS3	FMAS4
Caractéristiques géométriques	Section transverse				
	d (µm)	1.46	1.4	1.8	2.2
	Λ (µm)	2.15	2	2.26	2.4
	d /Λ	0.68	0.7	0.8	0.92
Biréfringence de phase	B_φ calculée @ 1540nm	$6.87\ 10^{-4}$	$1.22\ 10^{-4}$	$9.64\ 10^{-4}$	$7.66\ 10^{-4}$
Biréfringence de groupe	B_g calculée @ 1540nm	$1.07\ 10^{-3}$	$2.50\ 10^{-4}$	$1.53\ 10^{-3}$	$1.12\ 10^{-3}$
	B_g mesurée @ 1540nm	$1.17\ 10^{-3}$	$2.93\ 10^{-4}$	$1.41\ 10^{-3}$	$1.19\ 10^{-3}$

Tab.III.1 : Biréfringence calculée et mesurée [85]

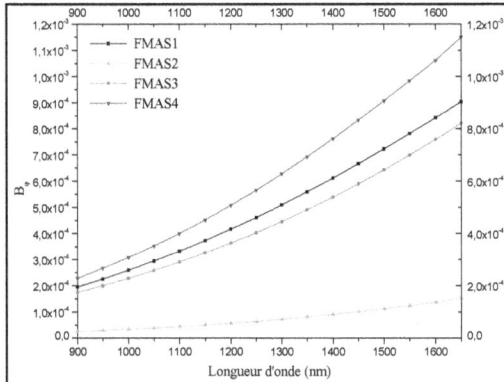

Fig.III.2 : Biréfringence de phase calculée en fonction de la longueur d'onde pour les différentes FMAS [85]

La biréfringence de phase de chaque fibre a été calculée en fonction de la longueur d'onde de 900nm à 1650nm (Fig.III.2). À $\lambda=1540nm$, sa valeur varie entre $6.5\ 10^{-4}$ et $10\ 10^{-4}$ pour toutes les fibres examinées, excepté la fibre FMAS2. La biréfringence de phase de cette fibre est légèrement inférieure ($1.24\ 10^{-4}$) malgré un confinement plus fort des modes de polarisation, suggérant que les imperfections géométriques de la structure sont plus petites. La biréfringence géométrique est la conséquence de la combinaison des imperfections liées à chaque trou, c.-à-d. principalement la différence entre leur position et/ou taille réelle et idéale, ou une déformation possible de leur forme. En raison de leur faiblesse, ces imperfections sont très difficiles à identifier et ne peuvent pas être avec précision mesurées.

Ainsi, la pente de la biréfringence de phase pourra être calculée au voisinage de la longueur d'onde de travail, mais nous chercherons aussi la loi d'évolution spectrale de la biréfringence de groupe sur une bande plus large. En utilisant le fait que la biréfringence de phase de FMAS conçues pour être fortement biréfringentes en brisant nettement la symétrie de $\pi/3$ de la structure s'écrit sous la forme empirique suivante [86]:

$$B_\varphi = \alpha\lambda^k \qquad avec\ 2 \leq k \leq 3 \qquad\qquad (III.6)$$

Nous avons cherché à savoir si cette loi s'applique aussi aux FMAS à symétrie de $\pi/3$ apparente que nous avons étudiées. Nous avons déterminé les coefficients α et k optimaux pour la fonction d'interpolation $B_\varphi = \alpha\lambda^k$ à appliquer sur toute la plage spectrale [$900nm$-$1650nm$]. Cette formulation permet de comparer le comportement des courbes représentant l'évolution spectrale de la biréfringence entre plusieurs fibres à l'aide seulement de deux coefficients (α et k). Nous avons présenté les résultats des calculs de biréfringence de phase effectués sur les différentes FMAS dans le Tab.III.2.

	FMAS1	FMAS2	FMAS3	FMAS4
α	$1.0584\ 10^{-11}$	$2.3342\ 10^{-14}$	$4.7923\ 10^{-12}$	$5.3799\ 10^{-12}$
k	2.4657	3.0488	2.5589	2.5892

Tab.III.2 : Détermination des coefficients α et k [85]

Du fait de la forte influence de la longueur d'onde sur la biréfringence de phase, on s'attend à ce que la biréfringence de groupe soit sensiblement différente de la biréfringence de phase. Pour calculer la biréfringence de groupe, nous avons cherché une fonction d'interpolation de la courbe $B_\varphi = f(\lambda)$ à partir des points calculés et nous avons reporté dans la relation III.6 la pente de cette fonction à la longueur d'onde considérée. La biréfringence B_g de groupe dû aux imperfections géométriques de la fibre est liée à B_φ près [86]:

$$B_g = B_\varphi - \lambda\frac{dB_\varphi}{d\lambda} \qquad\qquad (III.7)$$

En utilisant la relation (III.6) et (III.7), B_g peut être exprimée comme:

$$B_g = B_\varphi(1-k) \qquad\qquad (III.8)$$

La relation (III.8) prouve que la biréfringence de phase et de groupe des fibres examinées sont de signes opposée, autrement dit la lumière polarisée suivant l'axe rapide a une vitesse de groupe plus faible que celle polarisée sur l'axe lent.

La valeur absolue de B_g est déduite du B_φ précédemment calculé et k évalué. La valeur de k pour les fibres 1, 3 et 4 est proche de *2.5* (*2.46<k<2.59*) mais elle est (*k=3.05*) pour la fibre 2. C'est une conséquence directe de confinement plus fort des modes de polarisation dans cette fibre. Les valeurs obtenues de k sont comparables à la valeur *2.58* rapportée dans [86], confirmant que ces fibres montrent le même comportement que les FMAS à cœur elliptique fortement biréfringentes. Sur la Fig.III.3, nous avons tracé B_g en fonction de la longueur d'onde, pour les quatre fibres examinées.

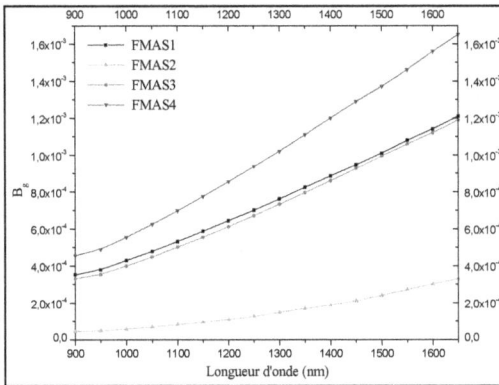

Fig.III.3 : biréfringence de groupe calculée pour les différentes FMAS [85].

Ces courbes montrent une grande augmentation de B_g avec la longueur d'onde, puisqu'elle est multipliée par plus de 2 quand la longueur d'onde est augmentée de *1100nm* à *1550nm*. La biréfringence de groupe due aux imperfections géométriques est très semblable dans les fibres 1, 3 et 4, malgré des paramètres optogéométriques sensiblement différents. Le comportement spectral de B_g est notamment différent dans la fibre 2, en raison de sa biréfringence de forme inférieure et k plus élevé. Dans la suite, nous nous proposons d'évaluer l'ampleur de défauts de géométrie de différentes natures (écart de diamètre, mauvais positionnement des trous etc.) sur la biréfringence.

II.3 Analyse des effets des imperfections géométriques

Dans cette section, nous nous intéressons aux effets de quelques défauts typiques pouvant affecter des FMAS réelles. Nous utilisons la méthode de Galerkin vectorielle pour modéliser la biréfringence d'une FMAS parfaite. Puis, nous nous attachons à analyser l'évolution de la biréfringence en modifiant la forme, le diamètre et la position d'un trou dans la première et la seconde couronne. Enfin, nous étudions l'effet d'une légère ovalisation des trous sur la biréfringence de phase des FMAS.

II.3.1. Déformations des trous

Dans une FMAS parfaitement symétrique, dont la biréfringence est théoriquement nulle, la biréfringence trouvée par notre méthode est suffisamment faible pour que les valeurs plus importantes trouvées avec des fibres imparfaites soient fiables. Nous appelons biréfringence numérique les valeurs trouvées par notre méthode et qui dépassent rarement 10^{-6}. Nous considérons la fibre réelle (FMAS5) montrée dans la Fig.III.4. Cette FMAS à forte proportion d'air, est caractérisée par des trous d'air de diamètre $d=1.8\mu m$ et un paramètre $\Lambda=2.4\mu m$. Compte tenu de la petite dimension du cœur, cette fibre est monomode à la longueur d'onde de travail de $1550nm$ et présente une symétrie apparente de $\pi/3$. En utilisant la méthode de Galerkin, nous trouvons que la biréfringence de la fibre idéale, ayant une structure parfaite, vaut $1.37\ 10^{-5}$ à la longueur d'onde $1550nm$. Bien que 10 fois supérieure à la biréfringence numérique, cette biréfringence de phase reste faible.

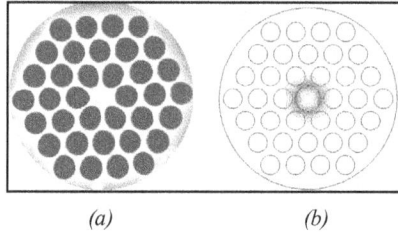

(a)   *(b)*

Fig.III.4: (a) Image MEB de la FMAS5. (b) Distribution du champ électrique du mode fondamental pour la fibre idéale ayant les mêmes paramètres géométriques que la FMAS.

Nous donnons dans la suite quelques exemples de biréfringence induite par des défauts de déformation des trous de la FMAS idéale.

a) Déformation d'un seul trou

A titre d'exemple, la distribution modale du champ électrique du mode fondamental à la longueur d'onde $1550nm$ est montrée dans la Fig.III.5 quand un des trous d'air de la première couronne est remplacé par un trou elliptique dont le grand et le petit axe sont respectivement d et $0.3d$. Nous constatons comme attendu que le champ du mode fondamental se déforme et s'étend en direction du trou déformé. La biréfringence varie de $1.37\ 10^{-5}$ à $7.95\ 10^{-4}$, c'est à dire qu'elle est multipliée par environ 60.

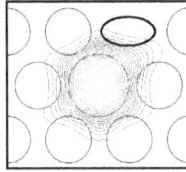

Fig.III.5: Distribution du champ électrique du mode fondamental pour une FMAS ayant un seul trou déformé.

Le même défaut a été créé mais pour un trou dans la deuxième couronne. Dans ce cas, la biréfringence vaut seulement $1.4 \ 10^{-5}$. Ceci s'explique par le fait que le champ modal est confiné dans la région entourée par la première couronne. Par suite, l'effet de la déformation du trou sur le champ modal des deux polarisations du mode fondamental apparaît quasi-négligeable à partir de la seconde couronne. Pour fabriquer des FMAS faiblement biréfringentes, il apparaît donc crucial pour les fabricants de veiller à maintenir une excellente uniformité des trous de la première couronne.

b) Déformation de deux trous

La fibre peut être faite pour garantir le maintien d'une polarisation rectiligne en induisant une biréfringence linéaire élevée en changeant la position ou la taille de certains des trous d'air [87]. A titre d'exemple, nous considérons ici le changement de la taille de quelques trous d'air comme illustré dans la Fig.III.6.

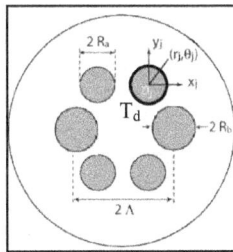

Fig.III.6: Défauts de taille des trous dans la première couronne de la gaine microstructurée de la FMAS idéale.

Nous avons calculé la biréfringence de phase quand le rayon R_b des deux trous d'air opposés est modifié (grossissement de *10%* à *30%*). Comme le montre la Fig.III.7, la biréfringence croît avec la longueur d'onde, car l'extension du champ augmente et l'interaction entre le champ et la zone de trous déformés devient plus forte.

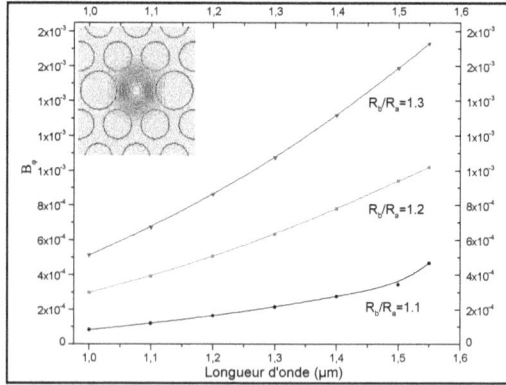

Fig.III.7: Biréfringence de phase calculée pour différents rapports R_b/R_a

La biréfringence augmente aussi très fortement en fonction du rapport R_b/R_a. A la longueur d'onde de *1550nm*, la biréfringence atteint *1.8 10^{-3}* lorsque le rapport R_b/R_a vaut *1.3*. La distribution spatiale des deux modes de polarisation du mode fondamental devient alors elliptique avec les dimensions des axes de l'ellipse *2Λ -2R_a* et *2Λ-2R_b* respectivement (voir l'image de la distribution en insert dans la Fig.III.7). La modification de la taille de deux trous opposés nous permet finalement d'agir sur la forme du cœur et nous sommes ramenés au cas d'une fibre à cœur elliptique.

II.3.2. Défaut de position des trous

Nous nous intéressons dans cette section à l'effet d'un changement de position de l'un des trous par rapport à sa position idéale en gardant l'uniformité des trous. Le trou choisi arbitrairement est repéré sur la Fig.III.6 (trou déplacé noté T_d). Nous fixons la valeur de r_j à *+0.2μm* ou *-0.2μm* (valeur réaliste correspondant aux défauts possibles de fabrication) lorsqu'il s'agit d'un déplacement du centre du trou vers l'extérieur ou vers l'intérieur respectivement. La direction du déplacement fait un angle θ_j avec l'axe des *x*. La biréfringence de phase est calculée pour plusieurs valeurs de θ_j et les résultats sont rapportés dans le Tab.III.3.

La biréfringence de phase la plus forte obtenue lorsque l'angle θ_j vaut *-2π/3* s'explique par le fait que la translation est radiale pour le trou considéré, ce qui augmente la déformation du cœur par rapport aux déformations induites par les translations dans la direction des x et dans la direction perpendiculaire. Un déplacement du trou vers le centre de la FMAS induit une déformation plus accentuée du champ et provoque une forte biréfringence de phase.

r_j	θ_j	$B\ (10^{-4})$
$+0.2\mu m$	0	2.57
$+0.2\mu m$	$\pi/3$	3.86
$+0.2\mu m$	$\pi/2$	3.45
$-0.2\mu m$	π	2.37
$-0.2\mu m$	$-2\pi/3$	4.1
$-0.2\mu m$	$-\pi/2$	3.68

Tab.III.3 : Variation de la biréfringence en fonction du défaut de position.

II.3.3. Ellipticité des trous

Lors de l'étirage, les trous des FMAS peuvent subir une ovalisation due à un mauvais contrôle des conditions de température et de pression qui peuvent être inhomogènes dans le four. Par voie de conséquence, le cœur peut lui aussi devenir elliptique. Nous modélisons une fibre dont les paramètres géométriques sont ceux de la FMAS5 en inscrivant la première couronne de trous d'air à l'intérieur d'un coeur elliptique (ellipticité η comprise entre *1* et *1.2*). L'allure de la structure modélisée est montrée en insert dans la Fig.III.8.

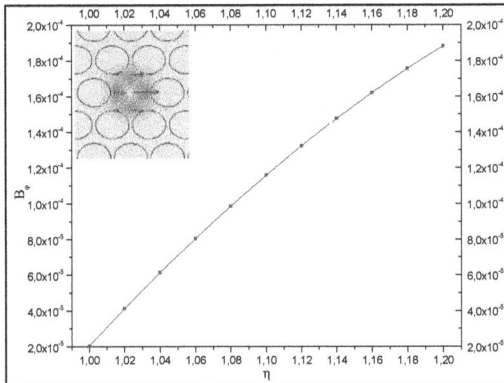

Fig.III.8 : Variation de la biréfringence en fonction de l'ellipticité des trous.

La biréfringence de phase de la fibre semblable à la FMAS5 est calculée en faisant varier l'ellipticité des trous (rapport du grand axe de l'ellipse sur le petit axe) comme illustré dans la Fig.III.8. Cette biréfringence devient très rapidement comparable à celle des fibres standard à cœur elliptique fortement biréfringentes ($\eta=1.1$). Le mode de polarisation d'indice effectif le plus élevé est celui dont la polarisation est parallèle au grand axe de l'ellipse.

En conclusion, nous avons étudié les variations de la biréfringence de phase d'une fibre microstructurée dont les paramètres géométriques sont proches de ceux d'une fibre fabriquée, quand la position ou la forme de quelques trous sont modifiées. Les résultats numériques ont démontré que, pour obtenir une FMAS à faible biréfringence, un soin particulier devrait être accordé, pendant la fabrication, pour maintenir une excellente uniformité de la forme et de la position des trous d'air dans la première couronne. Nous avons montré que des perturbations géométriques réalistes conduisent à l'obtention de valeurs de biréfringence très élevées, comparables à celles des fibres classiques à maintien de polarisation. Nous avons observé que les conditions de fabrication ont une influence notable sur les contraintes résiduelles ainsi que sur les imperfections géométriques qui peuvent être les principales causes de biréfringence.

III. Etude de la longueur d'onde de coupure

III.1 Technique de mesure

La méthode normalisée de mesure de la longueur d'onde de coupure (λ_c) dans les fibres standard est basée sur la mesure de la perte différentielle induite dans la fibre sous test par une courbure de rayon donné. Elle exploite le fait que, sous l'effet de la courbure, le deuxième mode fuit dans la gaine à une longueur d'onde plus courte. Elle fait l'hypothèse, justifiée pour les fibres standard mais pas pour les FMAS, que l'atténuation subie par le mode fondamental à une courbure donnée n'augmente pas lorsque la longueur d'onde diminue. En raison des propriétés de propagation non conventionnelles des FMAS, et en particulier de la remontée des pertes aux courbures des modes aux courtes longueurs d'onde, cette méthode n'est pas adaptée à la détermination de λ_c dans ces fibres. Nous proposons d'utiliser une méthode d'analyse azimutale du champ lointain émergeant de la fibre sous test, imaginée par le Pr. P. Facq à l'IRCOM il y a quelques années [88-90]. La méthode mise en jeu est basée sur l'analyse de la puissance lumineuse transmise à travers une fente en rotation (fréquence F_r) devant la face de sortie de la fibre FMAS sous test. Le mode fondamental dans une FMAS présente une symétrie de $\pi/3$. Le filtre modal utilisé consiste en une fente papillon mise en rotation uniforme dans le champ lointain autour de l'axe de la fibre. La fréquence de rotation de la fente lors de sa rotation est de $1.25Hz$. Le montage expérimental est représenté à la

Fig.III.9. La source utilisée est une source large bande dont le spectre s'étend de *350nm* à *1700nm*. Une fibre monomode issue de la source est connectée à la fibre sous test. Grâce à un miroir sphérique concave d'une focale de *100mm*, le flux transmis à travers la FMAS est refocalisé sur la face d'entrée d'une fibre multimode de gros diamètre qui l'achemine jusqu'à l'entrée du monochromateur. Pour faciliter l'analyse spectrale, nous modulons le signal issu de la fibre multimode, à l'aide d'un "hacheur" à la fréquence $F_h=60Hz$. Ceci a pour effet de translater le spectre du signal détecté autour de la fréquence F_h. Le balayage en longueur d'onde est fait à l'aide du monochromateur équipé d'un réseau de diffraction. Un détecteur en InGaAs est directement placé dans la fente de sortie réglable du monochromateur. Il s'agit d'un détecteur permettant des mesures dans le domaine spectral de *0.4* à *1.7μm*. Un analyseur de spectre effectue la transformée de Fourier du signal délivré par le détecteur. L'unité de mesure de l'analyseur est le dBV, correspondant à *20log(V)*, *V* étant la tension délivrée par le détecteur.

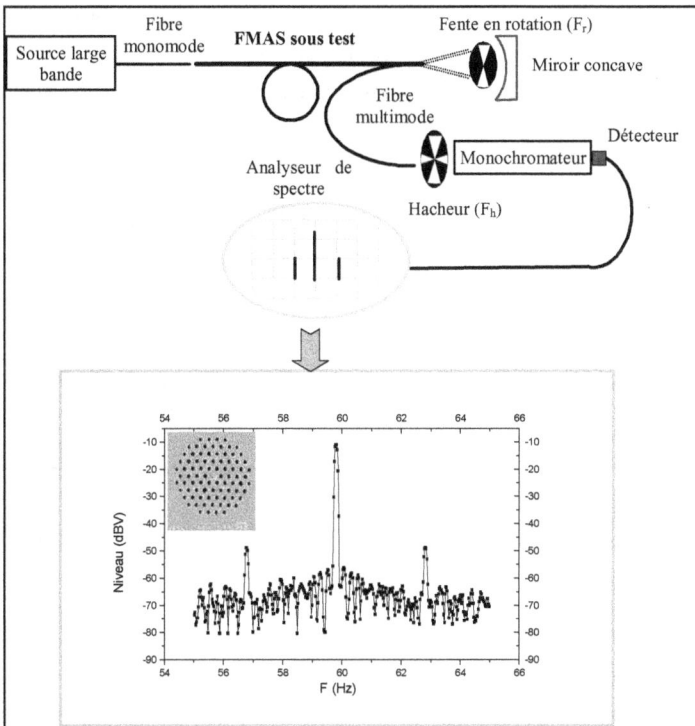

Fig.III.9: Montage expérimental de mesure de la longueur d'onde de coupure

Fig.III.10: Photographie du montage expérimental.

Lorsque le mode fondamental LP_{01} est seul présent, le signal détecté $s(f)$ observé à l'analyseur du spectre, reproduit le signal issu du hacheur. L'apparition du mode LP_{11} introduit une modulation de la porteuse à une fréquence égale à *2* fois la fréquence de la fente (F_r) et à ses harmoniques. L'analyse de Fourier du signal détecté montre un spectre de raies dans le voisinage de F_h, fréquence du hacheur. Les spectres de fréquences correspondant aux champs lointains des modes LP_{01} et LP_{11} pour la *FMAS6* sont illustrés dans la Fig.III.11. La fibre caractérisée est une *FMAS6*, en insert dans la Fig.III.9, ayant un diamètre du trou $d=1.4\mu m$ et une distance intertrous $\Lambda=2.3\mu m$.

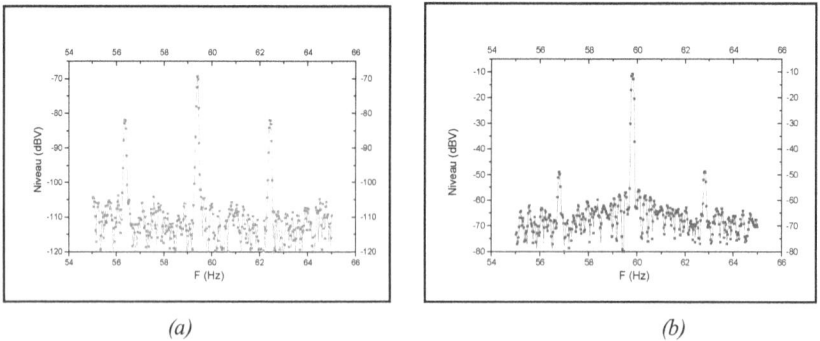

| (a) | (b) |

Fig.III.11 : (a) Spectre de fréquence pour la FMAS6 à 835nm (b) Spectre de fréquence pour la même FMAS à 1550nm

Les conditions d'excitation de la fibre sous test sont déterminantes. Ce réglage doit permettre d'obtenir une excitation ne favorisant aucun des modes guidés dans la FMAS mesurée, autrement dit, l'excitation ne doit pas être sélective. La disparition des raies latérales précise la localisation de la longueur d'onde de coupure. A partir des amplitudes des raies $F_h \pm 2F_r$, il est possible de déterminer une quantité proportionnelle au rapport de puissances des modes LP_{11} et LP_{01} qui donne une idée sur le comportement monomode de la FMAS sous test [91] :

$$D = \frac{2A_{Fr}}{A_{Fh} - 2A_{Fr}} \tag{III.9}$$

A_{Fh} et A_{Fr} sont les amplitudes respectives des raies aux fréquences F_h et $F_h \pm 2F_r$

Dans les travaux précédents qui ont concerné les fibres standard, tant que le rapport de puissance est inférieur à $34dBV$, la fibre SMF est considérée monomode. Cependant, ce critère n'est plus applicable aux FMAS car le rapport de puissance ne peut pas être évalué analytiquement. Pour ce faire nous avons réalisé un programme qui permet de simuler le rapport de puissance D pour estimer la longueur d'onde de coupure.

III.2 Etude numérique

Comme nous l'avons déjà expliqué, la distribution d'intensité du mode fondamental des fibres standard est à symétrie de révolution. Pour relever la présence du deuxième mode dans le champ émergeant d'une fibre standard, une solution consiste à analyser les spectres de la puissance lumineuse transmise à travers une fente tournant devant la face de sortie de la fibre. Si le mode fondamental est seul présent, la puissance transmise à travers la fente est constante. En présence du second mode dans le champ émergeant de la fibre, la puissance transmise à travers la fente est modulée à $2F_r$. Une raie à $2F_r$ apparaît donc dans le spectre du signal détecté. La profondeur de modulation est d'autant plus grande (ou la raie à $2F_r$ est d'autant plus haute) que la proportion d'énergie portée par le deuxième mode est plus grande. C'est finalement une comparaison de la hauteur relative des raies qui permet de déterminer λ_c par cette méthode en se basant sur la norme ITU G650.

III.2.1. Cas d'une SMF28

Nous avons calculé la puissance transportée par le mode fondamental LP_{01} et le second mode LP_{11}.

$$P_{01} = \left(\frac{\varepsilon_0}{\mu_0}\right)^{1/2} \pi.n.\int_0^\infty E_{01}^2(r).r.dr \tag{III.10}$$

$$P_{11} = \frac{1}{2}\left(\frac{\varepsilon_0}{\mu_0}\right)^{1/2} \pi.n.\int_0^\infty E_{11}^2(r).r.dr \qquad \text{(III.11)}$$

ε_0, μ_0 sont respectivement la permittivité et la perméabilité du vide.

$n(r)$ correspond à l'indice de réfraction du milieu où est confiné le champ.

$E(r)$ est la dépendance radiale du champ.

La fente d'analyse décrite à la Fig.III.12 (dite "fente papillon") ne laisse passer que l'énergie comprise dans un secteur angulaire $[\theta_1 ; \theta_2]$ où θ' donné.

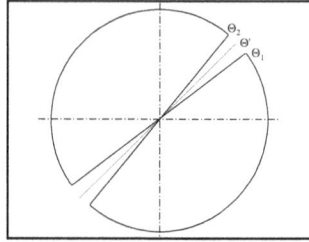

Fig.III.12: Schéma de la fente "papillon"

La puissance transmise à travers la fente est calculée de la manière suivante :

$$P_f = \left(\frac{\varepsilon_0}{\mu_0}\right)^{1/2} .n.\int_0^\infty E^2(r).rdr \int_{\theta_1}^{\theta_2} \cos^2 l\theta.d\theta \qquad \text{(III.12)}$$

En tenant compte de la puissance totale donnée par les équations précédentes, nous obtenons :

$$P_{f_{01}} = \left(\frac{\varepsilon_0}{\mu_0}\right)^{1/2} .n(\theta_2 - \theta_1).\int_0^\infty E_{01}^2(r).r.dr \qquad \text{(III.13)}$$

$$P_{f_{11}} = \left(\frac{\varepsilon_0}{\mu_0}\right)^{1/2} .n.\int_0^\infty E_{11}^2(r).rdr \int_{\theta_1}^{\theta_2} \cos^2 \theta.d\theta \qquad \text{(III.14)}$$

Dans le cas d'une superposition incohérente des champs, la densité de puissance locale dans le champ est la somme des densités de puissance de chacun des modes. Ceci conduit pour la puissance totale transmise à travers la fente à l'expression :

$$P_f = P_{f_{01}} + P_{f_{11}} = \frac{\Delta\theta}{\pi}\left(P_{01} + 2\cos^2 \omega_f t . P_{11}\right) \tag{III.15}$$

où $\omega_f t = \theta'$, ω_f est la pulsation de rotation de la fente.

Comme le signal est modulé par le hacheur à la pulsation ω_h, nous obtenons l'expression de la puissance optique détectée

$$s(t) = \frac{\Delta\theta}{\pi}\left(P_{01} + P_{11}\right)\cos\omega_h t + \frac{\Delta\theta}{2\pi}\left[\cos((\omega_h + 2\omega_r)t) + \cos((\omega_h - 2\omega_r)t)\right]P_{11} \tag{III.16}$$

La transformée de Fourier de s(t) fournit un spectre de raies. Nous remarquons une raie centrale à la fréquence F_h correspondant aux deux modes et deux raies latérales ($F_h \pm 2F_r$) résultent de la présence du deuxième mode seul. Pour examiner l'existence du second mode nous définissons le paramètre D tel que :

$$D = 10\log\left(\frac{P_{11}}{P_{01}}\right) = 10\log\left(\frac{2.A_{(f_h \pm 2f_r)}}{A_{f_r} - 2.A_{(f_h \pm 2f_r)}}\right) \tag{III.17}$$

Le critère de détermination de λ_c est donné selon la norme ITU G650 (*poids du mode* $LP_{11}=2.25\%$). Il correspond à une valeur de D égale à *-16.4dB*. Pour ce même poids du deuxième mode, la méthode numérique que nous avons développée et appliquée à la SMF28 donne à une valeur de D égale à *-16.395dB* ce qui nous permet de valider notre logiciel. Nous avons ensuite appliqué notre programme aux modes d'une fibre conventionnelle à saut d'indice calculés par la MEF. Nous avons pris une SMF28 dont le diamètre de cœur est de *8.2μm*, l'indice de cœur est égal à *1.448* et celui de la gaine à *1.444* à λ=*1.55μm*. D'abord, nous calculons à l'aide de la méthode des éléments finis la distribution en champ proche du mode fondamental et du second mode de la SMF 28.

Ensuite, nous calculons les champs lointains correspondants, par une transformée de Fourier à deux dimensions. Á l'aide de ce calcul, nous allons simulé une superposition incohérente des modes ayant chacun un poids donné. Le filtre azimutal, avec la fente dans une orientation donnée, est échantillonné en n^2 éléments, chaque élément étant associé à un élément de la matrice comme le montre la Fig.III.14.

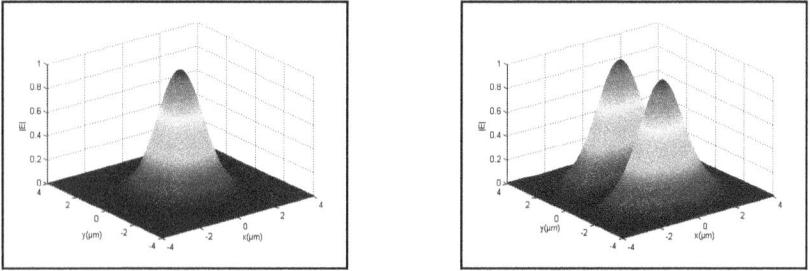

(a)   *(b)*

Fig.III.13: Répartition en champ proche des composantes selon x (a) du mode HE_{11x} et (b) du mode TE_{01} pour la fibre SMF 28

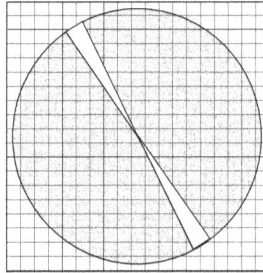

Fig.III.14: Schéma de la fente numérisée.

Les éléments de la matrice correspondant à une zone opaque du filtre sont affectés du coefficient *0*. Ceux correspondant à un échantillon du filtre entièrement inclus dans la fente sont affectés du coefficient *1*. Enfin les éléments de la matrice associés à un échantillon du filtre coupé par un bord de la fente sont affectés d'un coefficient compris entre *0* et *1* égal à la fraction de l'élément qui laisse passer la lumière.

Nous calculons la puissance $P(\theta)$ transmise à travers la fente par une multiplication de la matrice "distribution d'intensité du faisceau analysé" par la matrice de filtrage. Nous transformons la courbe $P(\theta)$ en courbe P(t) en tenant compte de la fréquence de rotation de la fente. Nous multiplions le signal par cos $(2\pi\,\omega_h\,t)$ pour simuler la modulation du signal incident par le hacheur. Enfin nous calculons la transformée de Fourier du signal résultant pour obtenir le spectre du signal détecté et le rapport de puissance D.

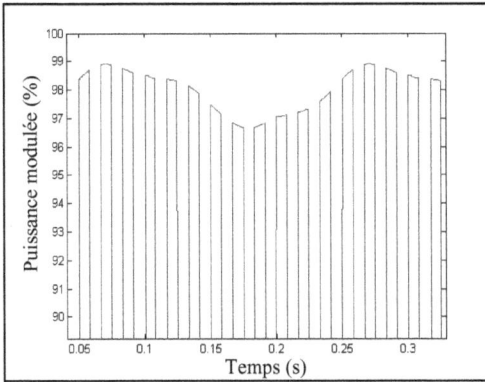

Fig.III.15: Signaux délivrés par le détecteur lorsque le champ tombant sur le filtre azimutal est composé du mode LP$_{01}$ (97.75%) et du mode LP$_{11}$ (2.25%).

Nous avons tracé l'évolution de D en fonction de la proportion d'énergie portée par le mode fondamental.

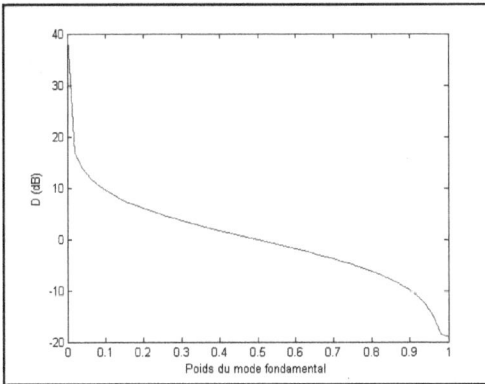

Fig.III.16: D en fonction de la proportion d'énergie portée par le mode fondamental

D varie très vite lorsque la proportion d'énergie portée par le mode fondamental est proche de la valeur 0 ou 1. Ainsi cette méthode est très sensible pour déceler de faibles proportions du mode d'ordre supérieur dans le champ incident.

III.2.2. Cas d'une FMAS

Très peu de travaux de modélisation ou de mesure de la longueur d'onde de coupure du second mode dans les fmas avaient été effectués [92-93]. Pour les fibres standard et selon la

- 77 -

norme ITU G650, λ_c est la longueur d'onde à laquelle le champ émergeant d'un tronçon de deux mètres comprend une proportion de *97.75%* du mode fondamental et *2.25%* du mode d'ordre supérieur lorsque les deux modes sont équitablement excités en entrée. Pour appliquer ce critère à notre méthode, nous introduisons une variable D calculée à partir de l'amplitude des raies du spectre du signal détecté. Nous montrons que *D=-16.4dB* à $\lambda = \lambda_c$ pour les fibres conventionnelles. Pour trouver la valeur de ce critère dans le cas des FMAS, le calcul analytique n'est pas possible vu qu'on ne peut pas fournir l'expression analytique des champs propagés. Nous avons donc appliqué le programme de calcul de la longueur d'onde aux FMAS. La fibre caractérisée est une FMAS6, en insert dans la Fig.III.9, ayant un diamètre du trou *d=1.4μm* et une distance intertrous *Λ=2.3μm*. Nous avons enfin pu déterminé D_{λ_c} pour les FMAS que nous caractériserons par la suite.

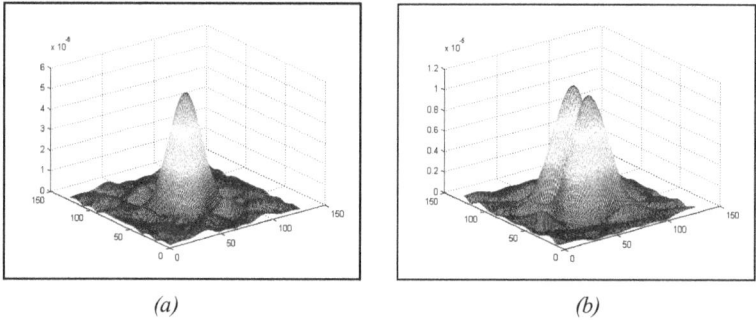

(a)   *(b)*

Fig.III.17: Répartition en champ lointain des composantes selon x (a) du mode HE_{11x} et (b) du mode TE_{01} pour la fibre FMAS6 à $\lambda= 835nm$

Nous avons tracé la variation de D en fonction du poids du mode fondamental pour la fibre FMAS6 à la longueur d'onde *633nm* de. Lorsque le poids du mode fondamental est proche de *0* la valeur de D est égal à *20dB* (+∞ dans le cas des fibres conventionnelles) alors que dans le cas où le poids du mode fondamental est proche de *1*, D vaut *-15dB* (-∞ dans le cas des fibres conventionnelles).

A l'aide du montage expérimental décrit dans la figure III.10 nous avons relevé plusieurs spectres du signal détecté pour différentes longueurs d'onde entre *1100nm* et *1600nm* pour la *FMAS6*. Nous avons mesuré *D* sur toute cette bande. Les résultats expérimentaux sont présentés dans la Fig.III.19.

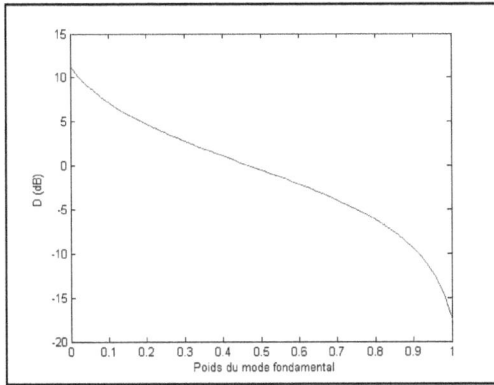

Fig.III.18: D en fonction du poids du mode fondamental pour la FMAS6 à λ=633nm.

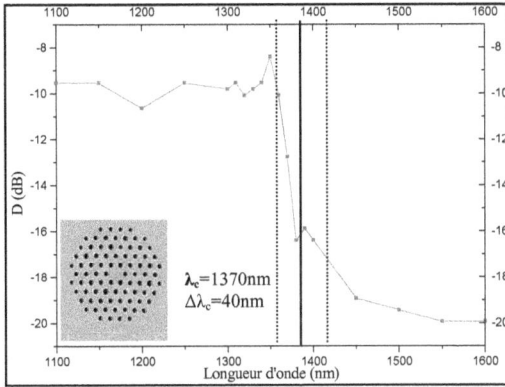

Fig.III.19: D en fonction de la longueur d'onde pour la FMAS6

Différents essais ont été faits afin de prouver la reproductibilité de la méthode de mesure de λ_c. Nous présentons les résultats de mesure de λ_c pour différentes fibres dans le tableau ci-dessous.

fibre	λ_c (nm)
SMF28	1120
FMAS5	900
FMAS6	1370

Tab.III.4 : Mesure de λ_c pour différentes fibres.

III.2.3. Limites de la méthode

Pour des poids respectifs donnés pour les deux modes (mode fondamental et mode d'ordre supérieur) composant le champ analysé, D peut dépendre de la longueur d'onde, ce qui peut constituer un obstacle à l'utilisation de la méthode en métrologie (figure III.20). En outre, l'évolution de D en fonction du poids du mode fondamental présente une cassure entre *90%* et *100%* ce qui peut fausser le choix du critère. Ceci peut être du à l'effet des imperfections géométriques dans la FMAS7 en insert dans la Fig.III.20 (*d=1.9μm*, *Λ=2.4μm*) tel que la répartition elliptique du mode fondamental. En superposant le poids du mode fondamental avec celui du second mode, la puissance reçue varie fortement lorsque la fente tourne. En effet, la puissance reçue est maximale lorsque l'axe de symétrie de la fente coïncide avec le grand axe de l'ellipse présentant la distribution dumode fondamental.

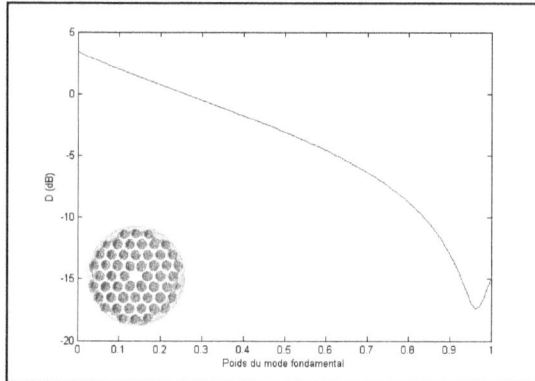

Fig.III.20 : D en fonction du poids du mode fondamental pour la FMAS7 à λ=633nm

Pour évaluer la dépendance de D à la longueur d'onde, nous avons considéré le cas d'une FMAS dont le champ s'étend dans la gaine microstructurée entre les trous. Nous avons donc tracé dans une première partie la variation de D en fonction du poids du mode fondamental de la FMAS7 ensuite un réseau de courbes *D=f(poids du mode fondamental)* pour un ensemble de longueurs d'onde entre *700nm et 1500nm* (figure III.21).

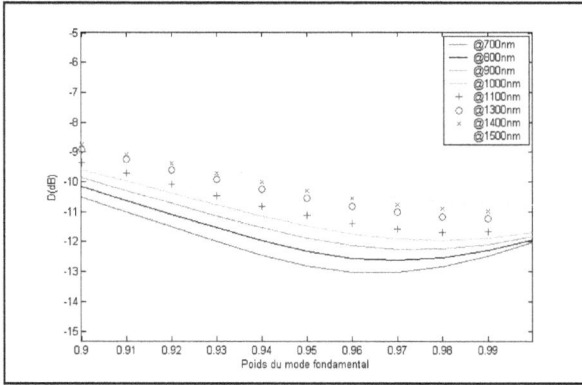

Fig.III.21 : D en fonction du poids du mode fondamental en fonction de λ pour la FMAS7

Lorsque le poids du mode fondamental vaut *97.75%*, *D* varie environ de *-13dB* à *-10dB* lorsque λ passe de *700nm* à *1500nm*. Ceci prouve que les imperfections géométriques dans la FMAS et la forte dépendance de D en fonction de λ rendent la détermination du critère de la longueur d'onde de coupure difficile.

IV. Conclusion

L'étude expérimentale de la biréfringence a mis en évidence la forte biréfringence non intentionnelle dans les FMAS fabriquées, pourtant conçues pour être isotropes. D'autre part, les mesures de la PMD ont prouvé le caractère hautement biréfringent des FMAS conçues pour préserver la polarisation du champ pendant la propagation. A l'aide d'une étude numérique, nous avons cherché les causes qui sont à l'origine de la forte biréfringence à savoir les imperfections géométriques et surtout celles qui sont introduites dans la première couronne.

Concernant l'étude de la longueur d'onde de coupure du second mode d'une FMAS nous avons adapté un banc de mesure destiné aux fibres standard. Nous avons élaboré un programme qui nous a permis d'estimer le critère *D* pour faciliter la recherche de la longueur d'onde de coupure. Toutefois cette méthode présente quelques limites à savoir la variation de l'évolution de *D* en fonction des imperfections géométriques dans la FMAS.

Chapitre IV Pertes aux raccordements entre fibres standard et FMAS

I. Introduction

En vue d'une exploitation industrielle et à large échelle des FMAS et de leurs propriétés optiques, l'insertion de ce type de fibres dans un système de transmission doit être envisagée afin de compenser la dispersion ou d'augmenter le seuil d'apparition des effets non linéaires.

Du fait de la géométrie complexe des FMAS, leurs raccordements avec les fibres standard posent quelques problèmes. Dans ce chapitre, le principal objectif de nos travaux théoriques et expérimentaux est de modéliser de façon réaliste les pertes aux raccordements entre les fibres standard et les FMAS à géométrie complexe. Nous nous proposons d'étudier l'influence des paramètres optogéométriques sur les pertes dues à certains défauts de raccordements à savoir : l'excentrement transversal, l'écartement longitudinal et le désalignement angulaire. D'abord, nous introduisons les différentes pertes qui peuvent exister dans une liaison à fibres optiques. Ensuite, nous évaluons théoriquement et expérimentalement les pertes intrinsèques et extrinsèques de couplage entre les fibres standard et les FMAS ainsi que les pertes dues aux défauts de raccordements. Enfin, une étude en simulation des pertes aux courbures est réalisée.

II. Pertes dans les FMAS

Dans les FMAS, il existe différentes pertes qui sont dues à plusieurs causes. Parmi ces causes, nous citons les défauts intrinsèques ou extrinsèques lors d'un raccordement d'une FMAS avec une autre fibre, les propriétés du matériau et les rayons de courbure. Les pertes intrinsèques sont généralement dues à une ou plusieurs différences dans les paramètres géométriques et/ou dans les profils d'indice des deux fibres à raccorder. Les pertes intrinsèques sont dues à

- La variation du diamètre du cœur : Lorsqu'il s'agit de raccorder deux fibres identiques, les pertes dues à la variation du diamètre sont quasiment négligeables. Cependant, elles sont plus importantes si les fibres à raccorder sont de natures différentes tel que le cas d'un raccordement entre une fibre monomode standard et une FMAS.

- Le changement de l'ouverture numérique : En raccordant deux fibres ayant des ouvertures numériques différentes, il en résulte des pertes de couplage. Dans le cas d'un raccordement entre deux fibres de même type ces pertes sont négligeables.

- La variation du profil d'indice: Etant donné que la forme et l'extension du mode dépendent du profil d'indice, celui-ci a une influence sur les pertes au raccordement.

Concernant les pertes extrinsèques, elles sont dues à un ou plusieurs défauts d'alignement des fibres à raccorder. Elles sont généralement dues aux :

- Pertes de Fresnel : Les pertes de Fresnel sont dues au passage de la lumière d'un milieu à un autre d'indice différent se traduisant par une baisse de l'intensité lumineuse transmise liée à la réflexion d'une partie du flux incident sur la face d'interface. Ainsi, lorsque la lumière passe d'une fibre à une autre, elle traverse deux interfaces qui introduisent des pertes de réflexion négligeables en cas de soudure.

- Pertes de désalignements : Il existe trois défauts de raccordements que nous avons schématisé sur la Fig.V.1:

1. *Excentrement transversal*: Ce cas se présente lorsque l'axe du cœur de la fibre émettrice est parallèle à celui de la fibre réceptrice et décalé d'une distance δ de l'ordre de quelques microns. Ces pertes dues à l'excentrement varient rapidement et doivent être minimisées dans les connecteurs.

2. *Désalignement angulaire* : Ce phénomène se présente lorsque les axes des deux fibres à raccorder forment un angle α allant jusqu'à quelques degrés. Cet angle influe sur l'injection puisque les rayons issus de la fibre émettrice atteignent la face d'entrée de la fibre réceptrice avec un angle supérieur à l'angle d'acceptance maximal.

3. *Ecartement longitudinal* : Ce type de pertes est dû à un éloignement axial des cœurs. Les pertes au couplage dépendent de la surface du spot lumineux à la distance x de la fibre émettrice [94].

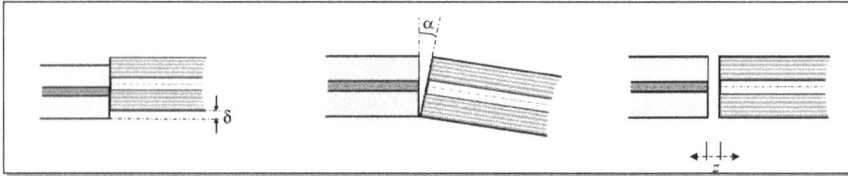

Fig.IV.1 : Défauts de raccordements entre fibre monomode et FMAS

Nous nous proposons d'étudier le couplage des fibres microstructurées avec une fibre monomode standard. Pour cela, nous considérons les différents défauts de raccordement et essayons de déterminer les pertes intrinsèques et extrinsèques dues au couplage.

II.1 Détermination des pertes intrinsèques de couplage

Rappelons que les pertes intrinsèques sont dues à l'écart entre les formes et les extensions des modes des fibres amont et aval, et elles dépendent donc des paramètres optogéométriques des fibres considérées. L'étude menée dans cette partie permet de prédire et de caractériser les pertes de couplage entre une fibre monomode standard et une fibre microstructurée en fonction de ses paramètres géométriques d et Λ. Les pertes η^2 dues à la désadaptation de la taille du mode entre les deux fibres sont calculées grâce à l'intégrale de recouvrement entre les deux champs E$_1$ dans la fibre standard et E$_2$ dans la FMAS en utilisant la relation suivante [96]:

$$\eta^2 = \frac{\left|\iint E_1 E_2^* dxdy\right|^2}{\iint |E_1|^2 dxdy \iint |E_2|^2 dxdy} \qquad (IV.1)$$

Les pertes en dB sont égales à:

$$\text{Pertes} = -10 \log(\eta^2) \quad (dB) \qquad (IV.2)$$

En effet, l'intégrale de recouvrement normalisée permet de connaître la proportion de puissance passant de la fibre monomode standard émettrice à la FMAS réceptrice ou inversement vu que l'expression IV.1 est symétrique. Il est important de rappeler que dans ces simulations, il n'existe aucun désalignement et que les pertes sont uniquement dues aux effets des géométries différentes de la fibre standard et de la FMAS. La simulation de la propagation dans la fibre réceptrice (FMAS) sera faite jusqu'au l'établissement du mode fondamental de cette dernière afin de pouvoir calculer l'expression des pertes aux raccordements. Les simulations ont été faites en utilisant la méthode vectorielle du faisceau propagé approchée par les différences finies (FD-VBPM : Finite Difference-Vectorial Beam Propoagation Method).

La Fig.IV.2 présente les pertes dues au couplage entre une fibre monomode (caractéristiques : un diamètre du cœur égal à $8\mu m$ indice du cœur 1.448 et celui de la gaine 1.444) et différentes structures de fibres microstructurées caractérisées par un ensemble de paramètres d et Λ. La longueur d'onde de travail a été choisie égale à $1.55\mu m$ pour des applications en télécommunications. Le choix des paramètres de la FMAS est imposé par son caractère monomode. Tout au long de cette étude des pertes aux raccordements, nous supposons que les FMAS sont monomodes. Les pas de discrétisation suivant x, y et z sont choisis respectivement $\Delta x=\Delta y=0.1\mu m$ et $\Delta z=0.25\mu m$.

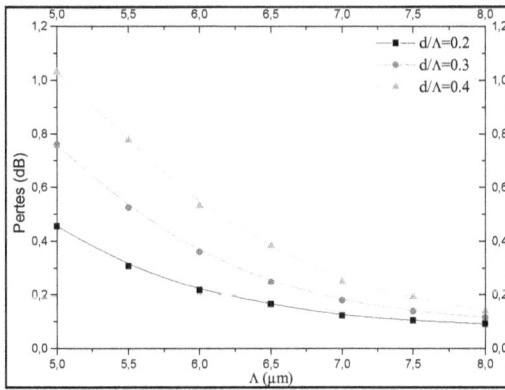

Fig.IV.2 : Etude des pertes de couplage en fonction de d et Λ

Nous constatons que les pertes de couplage simulées dépendent des paramètres d et Λ des FMAS. Pour un rapport d/Λ égal à 0.4, les pertes sont réduites d'un facteur de 8 lorsque Λ passe de 5 à $8\mu m$. Ainsi, nous montrons que les pertes baissent d'autant que d/Λ diminue car plus le cœur de la FMAS est large, plus son aire effective devient grande. Par exemple l'aire effective de la FMAS ($\Lambda=8\mu m$, $d=1.6\mu m$) est $85\mu m^2$, par contre $81\mu m^2$ pour la FMAS ($\Lambda=8\mu m$, $d=3.2\mu m$). En effet, en se rapprochant de l'aire effective de la fibre monomode standard ($86\mu m^2$) les pertes sont minimisées. Pour $\Lambda=8\mu m$, les pertes de couplage valent

0.09dB quand *d=1.6μm* et *0.14dB* pour *d=3.2μm*. Donc, pour cette FMAS, à *1.55μm* les pertes sont multipliés d'un facteur de *1.5* lorsque le diamètre du trou passe du simple au double.

II.2 Pertes aux courbures

Les pertes aux courbures sont des pertes par rayonnement dues aux conditions dans lesquelles les fibres sont utilisées. Les FMAS sont en théorie très sensibles aux courbures. En effet, la courbure modifie localement le profil d'indice vu par le mode guidé. Les pertes aux macro courbures dans les fibres optiques dépendent de la valeur du rayon de courbure appliqué et de la longueur d'onde de travail. Le profil d'indice d'une fibre rectiligne, équivalente à une fibre de profil *n(x, y)* que l'on a courbée avec un rayon de courbure constant R_c, est [97-98]:

$$n_{équivalent}(x,y) = (1 + \frac{x}{R_c})n(x,y) \qquad (IV.4)$$

La périodicité de la structure est donc localement modifiée. Les pertes par macro courbures sont comparables à celles des fibres conventionnelles. Les fibres à large aire modale y sont beaucoup plus sensibles [95]. Les FMAS sont par contre moins sensibles aux microcourbures que les fibres conventionnelles. Pour les grandes longueurs d'onde, les FMAS se comportent comme une fibre standard. Le rayon critique R_c constitue la valeur seuil du rayon de courbure au-dessous de laquelle les pertes sont supérieures aux pertes maximales que l'on s'autorise. Sa dépendance de λ et des indices de réfraction induit une augmentation explicite lorsque λ croît. Par contre, aux basses longueurs d'onde, les FMAS se comportent différemment par rapport à la fibre conventionnelle. Les pertes aux courbures dans les FMAS pour un rayon de courbure fixé augmentent lorsque la longueur d'onde diminue car l'ouverture numérique devient proportionnelle à la longueur d'onde et la différence d'indice relative diminue. Dans les FMAS, R_c varie selon cette expression [95 – 96]:

$$R_c \propto \Lambda^3 / \lambda^2 \qquad (IV.3)$$

Cette dépendance réciproque avec la longueur d'onde souligne l'existence d'un seuil limite pour les petites longueurs d'onde. De plus, cette dépendance cubique en Λ mise en relief à travers l'expression (I.12) relève que la fibre souffre de grandes pertes aux courbures pour des dimensions géométriques relativement grandes. En somme, cette existence de seuil limite des pertes aux courbures aux courtes et aux grandes longueurs d'onde constitue un facteur restrictif pour la large bande spectrale offerte par la fibre microstructurée.

Nous nous proposons dans ce qui suit d'étudier l'effet de courbure dans les FMAS en fonction de deux paramètres à savoir le rayon de courbure et la longueur d'onde. Les simulations ont été faites pour $\Lambda=6\mu m$ et $d=1.5\mu m$ à $\lambda= 1.55\mu m$. Nous montrons dans la Fig.IV.21, la distribution du champ en fonction du rayon de courbure.

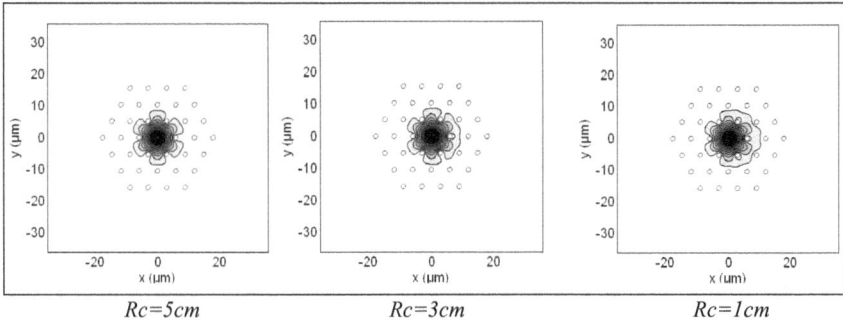

$$Rc=5cm \qquad Rc=3cm \qquad Rc=1cm$$

Fig.IV.3 : Répartition du champ en fonction du rayon de courbure pour une FMAS ayant
$\Lambda=6\mu m$ *et* $d=1.5\mu m$ *à* $\lambda= 1.55\mu m$

Le champ guidé n'est alors pas confiné de la même manière suivant la direction considérée dans le plan de la section transverse. La simulation montre bien que les pertes aux courbures dans la fibre sont plus sensibles aux faibles rayons. La simulation de la distribution du champ en fonction de λ est accomplie en considérant les paramètres suivants : $R_c=2cm$, $\Lambda=6\mu m$ et $d=1.5\mu m$.

Les pertes par courbures sont plus importantes aux courtes longueurs d'onde vu que l'ouverture numérique diminue en fonction de λ. Pour cette FMAS, la diminution de la longueur d'onde entraîne un étalement du champ pour un rayon de courbure de $2cm$.

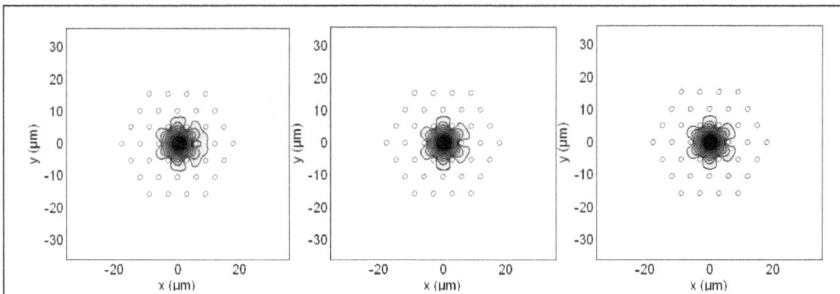

$$\lambda = 0.633\mu m \qquad\qquad \lambda = 1.06\mu m \qquad\qquad \lambda = 1.55\mu m$$

Fig.IV.4 : Répartition du champ pour une FMAS courbée de 2cm ayant $\Lambda=6$ μm et $d=1.5\mu m$

en fonction de λ

III. Etude numérique des pertes aux raccordements entre SMF et FMAS

Dans cette partie, l'étude des désalignements en fonction de la variation des paramètres géométriques des FMAS étudiées est présentée. La première section de ce paragraphe établit la variation des pertes de couplage en fonction du rapport d/Λ. La seconde, analyse l'influence de la longueur d'onde ainsi que de l'extension de faisceau la largeur de l'impulsion d'entrée sur les pertes de couplage calculées. En fait, l'étude d'un raccord par la méthode FD-VBPM revient à simuler la propagation dans la fibre réceptrice (FMAS) excitée par le mode fondamental de la fibre standard émettrice tout en lui faisant subir à chaque fois l'un des défauts d'alignement introduits lors du raccordement.

En pratique, lors du raccordement d'une FMAS à une fibre monomode standard, des défauts d'alignements peuvent être introduits. Dans cette partie, nous nous proposons d'établir les simulations nécessaires à l'étude des pertes en fonction des désalignements transversal, longitudinal et angulaire entre les deux fibres par la méthode la méthode vectorielle du faisceau propagé approchée par les différences finies FD-VBPM. Pour cela, nous supposons que le champ propagé est une gaussienne définie par [99] :

$$E(x,y) = E_0 \exp(-\frac{x^2 + y^2}{w_0^2}) \qquad\qquad (IV.5)$$

Où E_0 est l'amplitude de l'impulsion et w_0 est le rayon du champ du mode fondamental d'une fibre.

III.1 Etude des pertes en fonction de l'excentrement transversal

III.1.1. Variation des pertes en fonction de Λ

Pour l'étude des pertes en fonction d'un excentrement transversal entre les 2 fibres, nous excitons la fibre réceptrice (FMAS) par le mode fondamental de la fibre standard émettrice.

La répartition gaussienne de demi largeur w_0 est décalée d'une distance δ selon l'axe x ou y et dont l'expression est donnée par:

$$E(x,y) = E_0 \exp(-\frac{(x+\delta)^2 + y^2}{w_0^2})$$ (IV.6)

Les figures ci-dessous montrent la variation des pertes en fonction de l'excentrement transversal pour différents paramètres d et Λ. La simulation du raccord SMF et FMAS endurant un tel défaut consiste à exciter la FMAS par une gaussienne décalée d'une distance δ simulant l'effet de l'excentrement transversal. Nous avons utilisé une FMAS ayant 6 couronnes de trous d'air. Les paramètres géométriques des FMAS sont choisis tel que le diamètre reste constant égal à $2.1\mu m$ et Λ varie de $5.5\mu m$ à $7\mu m$ par pas de $0.5\mu m$. Aussi, le choix a été motivé par deux raisons. La première raison est la limitation de la taille des matrices à déterminer liée au temps de calcul. La seconde raison est l'assurance d'un caractère monomode de la FMAS. Pour remplir cette seconde condition, il est nécessaire de ne garder que les paramètres optogéométriques des FMAS qui permettent d'obtenir des FMAS monomodes.

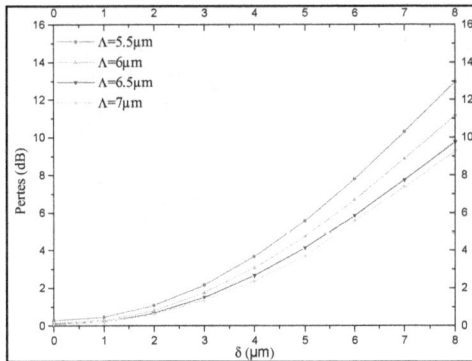

Fig.IV.5 : Etude des pertes en fonction de l'excentrement transversal pour différents Λ avec $d=2.1\mu m$

La Fig.IV.5 illustre les pertes suivant l'excentrement transversal pour un même diamètre de trous $d=2.1\mu m$ en faisant varier Λ. Elles sont réalisées pour une seule longueur d'onde correspondant à celle utilisée dans la plupart des systèmes de télécommunications optiques: $1.55\mu m$. La Fig.IV.6 montre que, plus nous augmentons la valeur de la distance inter trous Λ, le diamètre du cœur exprimé par $(2\Lambda-d)$ augmente. Ainsi, la puissance émise par la SMF sera interceptée par une fibre ayant un diamètre plus large. De ce fait, pour un excentrement donné, les pertes induites sont moins importantes pour des valeurs élevées du diamètre de cœur autrement dit pour les faibles valeurs d/Λ. Les FMAS ayant une aire effective proche des fibres SMF sont moins sensibles aux pertes dues à l'excentrement transversal. Nous avons trouvé que l'aire effective de la FMAS ($\Lambda=7\mu m$ et $d=2.1\mu m$) est égale à $81\mu m^2$. Par exemple, pour un excentrement transversal qui vaut $\delta=4\mu m$, les pertes des FMAS ayant un diamètre du trou $d=2.1\mu m$ sont $3.36dB$ et $2.37dB$ pour des Λ égaux respectivement à $5.5\mu m$ et $7\mu m$ respectivement. Dans ce cas, les pertes dues à l'excentrement transversal diminuent d'environ $1dB$. Nous remarquons qu'à partir de $\Lambda=6.5\mu m$, les courbes ont pratiquement la même pente. Nous pouvons conclure que la variation des pertes suivant l'excentrement transversal est sensible à la variation du rapport d/Λ et peut être minimisée pour des structures qui possèdent une aire effective proche de celle de la SMF.

Afin d'étudier la distribution du champ dans la FMAS au bout d'une propagation de $10cm$, nous nous proposons de représenter le mode fondamental pour $\delta=4\mu m$, $d=2.1\mu m$ à $\lambda=1.55\mu m$ pour différentes distances inter trous Λ. La distance de $10cm$ pour laquelle nous avons opté permet l'établissement du mode fondamental.

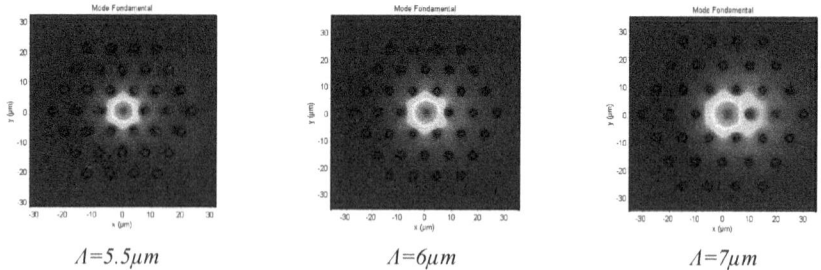

$\Lambda=5.5\mu m$ $\Lambda=6\mu m$ $\Lambda=7\mu m$

Fig.IV.6 : Simulation de la répartition du champ en fonction de l'excentrement transversal pour différents Λ au bout d'une propagation de 10cm avec $\delta=4\mu m$, $d=2.1\mu m$ et $\lambda=1.55\mu m$

Le champ propagé dans les FMAS en fonction de Λ pour un même désalignement présente une différence. Malgré que le régime de propagation demeure monomode, nous remarquons que la répartition du champ électrique s'étend plus à travers les trous dans la direction de l'excentrement. Ceci peut être expliqué par le fait qu'il y a d'autres modes (à fuite probablement) qui sont excités. En effet, pour les plus grandes valeurs de Λ la région en silice est plus large favorisant la propagation du champ dans la gaine microstructurée.

III.1.2. Variation des pertes en fonction de d

Nous nous proposons dans ce qui suit de reprendre la même démarche pour la simulation des pertes dues au décalage transversal en fonction du diamètre des trous d. La simulation est accomplie à la longueur d'onde $\lambda=1.55\mu m$ pour un pas $\Lambda=7\mu m$. La Fig.IV.7 expose l'évolution des pertes du à l'excentrement transversal en fonction du rapport d/Λ pour différentes FMAS.

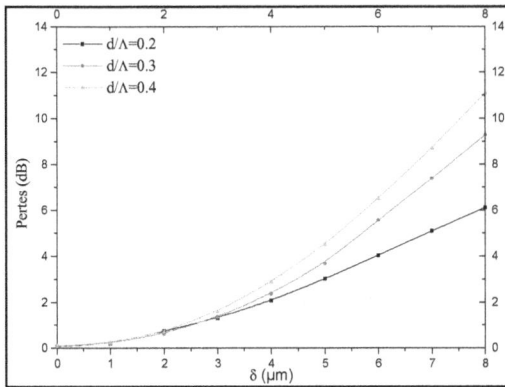

Fig.IV.7 : Etude des pertes en fonction de l'excentrement transversal pour différentes FMAS ayant d variable et $\Lambda=7\mu m$

La variation des pertes en fonction de d est inversement proportionnelle à celles calculées en fonction de Λ. En effet, les pertes dues à l'excentrement transversal dépendent du rapport d/Λ. Ceci s'explique également par le fait que le diamètre du cœur est donné par $(2\Lambda-d)$ et au-delà de certaines valeurs de δ, il n'y a plus de champ qui se couple dans le cœur: toute la puissance injectée dans la fibre passe dans la gaine microstructurée. Les pertes varient lentement pour des excentrements transversaux de l'ordre de $2\mu m$. Pour une FMAS ayant $\Lambda=7\mu m$ et lorsqu'on est en présence d'un $\delta=4\mu m$, les pertes sont *2.07dB* et *2.86dB* pour des diamètres de trous égaux à *1.4* et *2.8μm* respectivement. Pour $\delta=4\mu m$, une augmentation du diamètre de *1.4μm* a provoqué une croissance des pertes dues à l'excentrement transversal de *0.8dB*. Nous illustrons sur la Fig.IV.8 les distributions des champs électriques en fonction de l'excentrement transversal pour *1.4μm* et $\Lambda=7\mu m$.

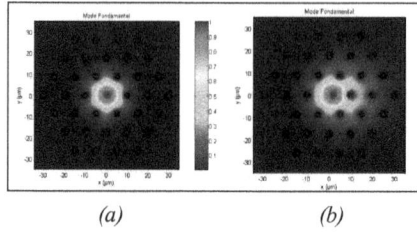

(a)   (b)

Fig.IV.8 : Répartition du champ en fonction de l'excentrement transversal pour $\Lambda=7\mu m$ et

$d/\Lambda=1.4\mu m$ (a) sans excentrement transversal (b) avec excentrement transversal $\delta=4\mu m$.

Nous constatons d'après la Fig.IV.8, présentant le changement de la répartition de l'onde guidée après propagation, en fonction de δ, qu'une conséquence de ce décalage est qu'une partie de la puissance injectée va être interceptée par la gaine. Néanmoins, la distribution du champ en fonction de l'excentrement montre que la fibre conserve une propagation du mode fondamental.

III.1.3. Variation des pertes en fonction de w_0

Nous allons maintenant nous intéresser à l'étude des pertes par excentrement transversal pour différents diamètres de mode des fibres monomodes standard $2w_0$.

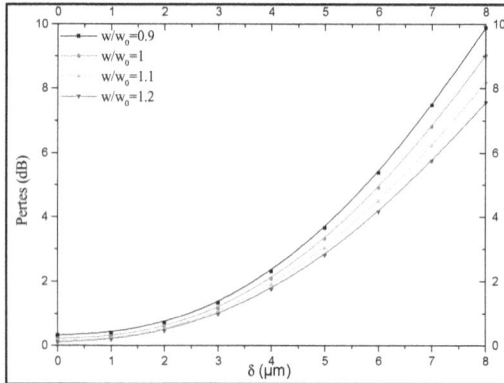

Fig.IV.9 : Etude des pertes en fonction de l'excentrement transversal pour différents diamètre

de mode $2w_0$ [$d=4.2\mu m$; $\Lambda=9.5\mu m$]

La courbe ci-dessus montre la variation des pertes est fonction de l'excentrement transversal pour différents diamètres de mode $2w_0$ de la fibre monomode. Nous avons pris le diamètre de mode de la SMF (Pour $2w_0=9.3\mu m$) comme valeur de référence. Les trois autres valeurs de diamètres de modes ont été calculées en ajoutant ou en retranchant *10%* de la valeur de diamètre de référence. Un excentrement variant de 0 à $2\mu m$, nous remarquons une variation des pertes quasi stable (environ $0.2dB$). A partir de $\delta=2\mu m$, les pertes sont amplifiées et l'écart des pertes peut atteindre $0.8dB$ à $\delta=8\mu m$ pour un diamètre de mode de la fibre monomode standard passant de $10.23\mu m$ à $9.3\mu m$. La gaussienne injectée, même décalée, est toujours interceptée par le cœur de la FMAS. Dans ce cas, les pertes évaluées varient entre $\approx0.1dB$ pour $\delta=0\mu m$ et $10dB$ pour $\delta=8\mu m$ avec $2w_0=8.37\mu m$. Ainsi, plus l'adaptation des modes des fibres est importante (autrement dit le même diamètre du mode de la fibre monomode et de la FMAS), plus la puissance transmise dans la FMAS sera élevée. La montée exponentielle des pertes qui peut être expliquée par le fait qu'une fraction de la puissance commence à fuir le cœur mais ne manquera totalement ce dernier que pour des excentrements transverses importants. Nous remarquons que pour $2w_0=8.37\mu m$, les pertes passent de $2.31dB$ pour $\delta=4\mu m$ à $9.89dB$ pour $\delta=8\mu m$. Dans ce cas, une augmentation du diamètre du mode vers $2w_0=10.23\mu m$ a permis de diminuer les pertes de $1.7dB$ pour $\delta=8\mu m$.

En guise de conclusion, cette étude nous laisse en mesure d'affirmer que la variation des pertes en fonction de l'excentrement transversal lors d'un raccord SMF/FMAS dépend du diamètre du mode fondamental de la fibre émettrice et par suite de ses caractéristiques optogéométriques.

III.1.4. Variation des pertes en fonction de λ

L'étude menée dans cette partie est dédiée à la détermination des pertes en fonction de l'excentrement transversal pour différentes longueurs d'onde. La simulation est accomplie pour une FMAS $[d=4.2\mu m ; \Lambda=9.5\mu m]$.

D'après la Fig.IV.10, nous montrons que les pertes dues à l'excentrement transversal sont sensibles à la longueur d'onde. Dans ce cas de FMAS, elles sont plus importantes aux longueurs d'onde les plus élevées. En effet, comme illustré dans la Fig.IV.11, l'aire effective augmente en fonction de la longueur d'onde.

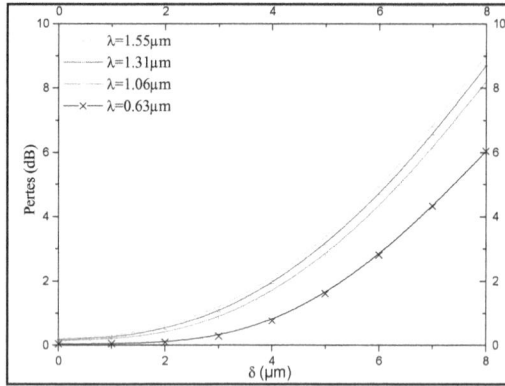

Fig.IV.10 : Etude des pertes en fonction de l'excentrement transversal pour différentes λ pour la FMAS [d=4.2μm ; Λ=9.5μm].

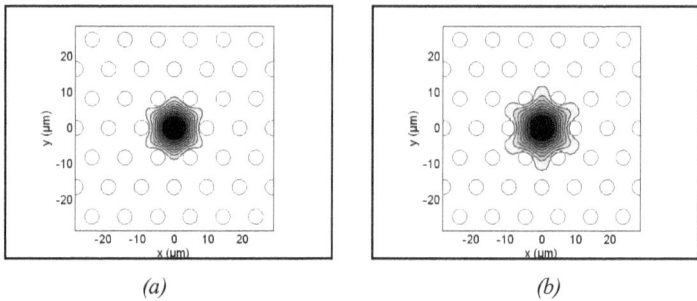

(a)   (b)

Fig.IV.11 : Variation de l'allure du champ du mode fondamental en fonction de la longueur d'onde pour la FMAS [d=4.2μm; Λ=9.5μm] (a) λ=0.63μm (b) λ=1.55μm.

Le diamètre de mode de la FMAS s'éloigne de celui de la SMF provoquant plus de pertes dues à l'excentrement transversal. Pour un excentrement transversal inférieur à $\delta=2\mu m$, l'écart entre les pertes engendrées correspondant aux différentes longueurs d'onde a été évalué à $\approx 0.5dB$. Lorsque l'excentrement transversal dépasse $\delta=2\mu m$, les pertes croissent en fonction de la longueur d'onde et atteignent un écart qui vaut $3dB$ à $\delta=8\mu m$ en passant de $\lambda=0.63\mu m$ à $\lambda=1.55\mu m$. Nous remarquons que les pertes dues à l'excentrement transversal sont minimales pour la longueur d'onde $0.63\mu m$. Ceci s'explique par le fait que les diamètres de modes des deux fibres sont très proches à cette longueur d'onde.

L'analyse des pertes dues à l'excentrement transversal en fonction des paramètres géométriques de la FMAS d'un côté et des propriétés de propagation de l'autre a montré que le couplage entre les deux types de fibres est sensible à toutes ces variables à savoir le diamètre des trous, la distance inter trous, la largeur de la gaussienne injectée et la longueur d'onde. Nous avons montré que les pertes sont minimales dans le cas où le diamètre de mode de la fibre réceptrice est proche de celui de la fibre monomode autrement dit la même aire effective pour les deux fibres émettrices et réceptrices. Dans le cas, où la fibre réceptrice possède un diamètre de mode différent de celui de la fibre émettrice, les pertes seront importantes vu que la puissance émise sera en partie perdue au niveau du couplage.

III.2 Etude des pertes en fonction du désalignement angulaire

Rappelons que le désalignement angulaire se présente lorsque les plans des deux fibres à raccorder forment un angle θ. En fixant la référence de phase sur l'axe optique de la fibre réceptrice, la différence de marche vaut:

$$d(P_1, P_2) = x.\sin\theta \qquad (IV.7)$$

P_1 et P_2 sont les plans de sections des fibres à raccorder.

Ainsi, un tel défaut de raccordement peut être simulé en excitant la fibre réceptrice par le mode fondamental de la fibre émettrice incliné d'un angle θ selon l'axe des x suivant l'expression [101]:

$$E(x,y) = E_0 \exp(-\frac{x^2 + y^2}{w_0^2}) \exp(jk_0 x.\sin\theta) \qquad (IV.8)$$

La Fig.IV.12 présente la variation des pertes en fonction du désalignement angulaire pour des FMAS ayant différents rapports d/Λ.

Les courbes présentées ont été simulées à la longueur d'onde $\lambda=1.55\mu m$ avec différents paramètres géométriques des FMAS. Plus l'angle d'inclinaison est important plus les pertes calculées sont élevées. Par exemple, pour $\Lambda=7\mu m$ et $d=2.8\mu m$ $(d/\Lambda=0.4)$, les pertes simulées sont de l'ordre de $0.6dB$ alors que pour $d=1.4\mu m$ $(d/\Lambda=0.2)$ elles sont évaluées à $0.94dB$ pour $\theta=4°$.

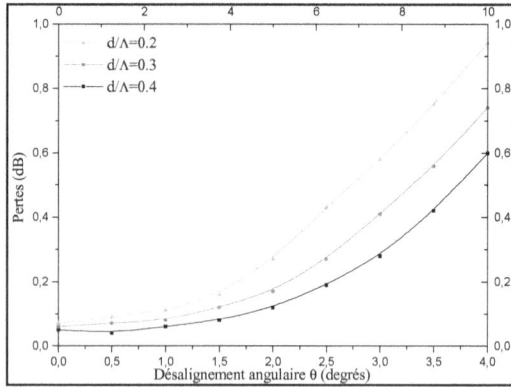

Fig.IV.12 : Etude des pertes en fonction du désalignement angulaire pour différents d avec

$\Lambda=7\mu m$

III.3 Etude des pertes en fonction de l'écartement longitudinal

Comme l'excentrement transversal, l'écartement longitudinal peut être introduit lors d'un raccord de deux fibres optiques. Vu que ce paramètre de pertes est dû à un éloignement axial des cœurs des deux fibres à connecter, un tel raccord est simulé par la propagation du mode fondamental de la fibre émettrice dans un milieu homogène d'indice $n=1$. Nous supposons que sa diffraction se fait sur une distance z qui correspond à cet éloignement. Dans le cas de faisceaux Gaussiens, nous pouvons connaître la largeur du champ après propagation sur une distance z dans l'espace libre [99]:

$$\omega(z) = w_0 \sqrt{1+(\frac{z\lambda_0}{n\pi w_0^2})^2} \qquad (IV.9)$$

Avec w_0 : rayon du mode du faisceau gaussien en $z=0$, n : l'indice du milieu et λ_0 : la longueur d'onde dans le vide. Nous remarquons que le rayon du mode augmente en fonction de z.

Nous avons simulé les pertes dues à l'écartement pour des FMAS ayant $\Lambda=9.5\mu m$ et de diamètre variable de $3.4\mu m$ à $4.2\mu m$ avec un pas de $0.4\mu m$. Les pas de discrétisation suivant x, y et z sont choisis respectivement $\Delta x=\Delta y=0.1\mu m$ et $\Delta z=0.25\mu m$. La longueur d'onde de travail est choisie égale à $1.55\mu m$. Les courbes ci-dessous (Fig.IV.13) montrent que la variation des pertes en fonction de l'écartement latéral z présentent une montée exponentielle des pertes. Nous avons trouvé que les pertes ont augmenté de $0.06dB$ à $0.73dB$ pour la FMAS ayant $d=4.2\mu m$ et $\Lambda=9.5\mu m$ en faisant varier z de $0\mu m$ à $100\mu m$ respectivement.

En fait, la gaussienne injectée se propage dans l'air et subit un élargissement mais elle est toujours interceptée par le cœur de la FMAS. Ainsi, plus les diamètres des modes des fibres s'éloignent plus les pertes augmentent. Ceci peut être expliqué par le fait que la désadaptation des modes (écart entre les diamètres des modes) augmente en fonction de z.

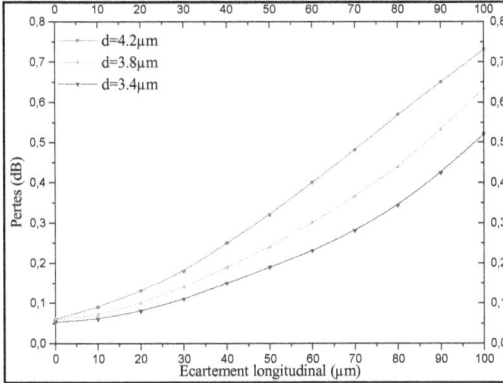

Fig.IV.13 : Etude des pertes en fonction de l'écartement axial pour différents diamètres du cœur de FMAS ayant $\Lambda=9.5\mu m$ et $\lambda=1.55\mu m$.

Afin de prouver la dépendance des pertes aux diamètres des modes, nous avons présenté les répartitions des champs à l'entrée de la FMAS pour différentes valeurs de z. La répartition résultante de cette diffraction constitue l'excitation de la fibre réceptrice. La Fig.IV.14 présente la distribution du champ électrique pour $\lambda=1.55\mu m$ dans la fibre ayant $\Lambda=9.5\mu m$ et $d=4.2\mu m$.

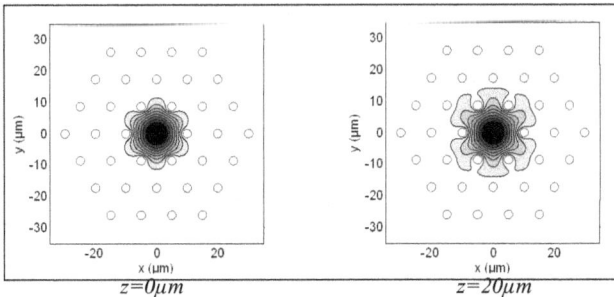

Fig.IV.14 : Répartition du champ en fonction de l'écartement longitudinal ($\Lambda=9.5\mu m$, $d=4.2\mu m$)

Cette illustration montre que l'effet de diffraction, en augmentant l'écartement axial, se manifeste par l'étalement du champ du fait de la divergence de la lumière émise par la fibre émettrice. Nous nous proposons dans la suite d'étudier l'effet de l'écartement longitudinal $z=20\mu m$ en fonction de Λ sur la distribution du champ dans les structures considérées. Nous remarquons un étalement du champ dans les FMAS ayant un grand cœur.

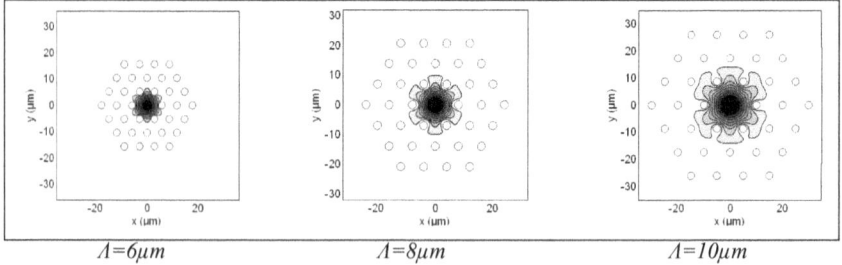

| $\Lambda=6\mu m$ | $\Lambda=8\mu m$ | $\Lambda=10\mu m$ |

Fig.IV.15 : Répartition du champ pour un écartement longitudinal égal à 20μm pour différents Λ (d/Λ=0.45).

D'après la Fig.IV.15 illustrant la répartition du champ du mode fondamental pour différentes fmas, nous remarquons que l'aire effective dépend de d et Λ. Pour un écartement longitudinal égal à 20μm, la fmas ($\Lambda=10\mu m$ et $d/\Lambda=0.45$) le champ s'étend davantage entre les trous. Une étude de l'influence des micro-déplacements transverses, longitudinaux et angulaires sur les pertes de couplage a été présentée au niveau du raccordement SMF/FMAS. Malgré la différence de profil d'indice et de dimensions entre la fibre conventionnelle et la FMAS, cette fibre a montré sa capacité à être insérée dans les systèmes à base de fibre optique avec des taux de pertes relativement acceptables dans le cas d'un raccord.

IV. Etude expérimentale des pertes aux raccordements entre SMF et FMAS

Nous avons montré d'après l'étude numérique des pertes aux raccordements entre fibres standard et FMAS que les pertes de couplage sont minimales lorsqu'il s'agit du même diamètre du mode entre les fibres à raccorder (même aire effective). Avant d'aborder l'étude expérimentale des pertes de couplage, nous nous sommes intéressés à la mesure de l'atténuation linéique, l'aire effective et des diamètres de mode des fibres sous test.

IV.1 Mesure de l'atténuation linéique

Le principe de mesure de l'atténuation linéique α d'un tronçon de longueur L d'une fibre, à une longueur d'onde fixée, est le suivant : il suffit de connaître la puissance injectée P(0) et la puissance $P(L)$ à la sortie de la fibre et d'appliquer la relation suivante [100] :

$$\alpha = \frac{10}{z_2 - z_1} \log \frac{P(z_1)}{P(z_2)} \qquad \text{(IV.10)}$$

Comme il est très difficile de mesurer correctement la puissance $P(0)$ injectée dans la fibre, nous nous servons de la technique dite de la fibre coupée (cut-back method). Cette technique consiste à effectuer deux mesures de puissance optique en sortie de fibre à deux points d'abscisse z_1 et z_2 connues dans la fibres sans changer les conditions d'injection en $z=0$. Pour être certain que nous ne modifions pas les conditions d'injection, nous réalisons une épissure entre la SMF et la FMAS. Un système d'imagerie utilisant une caméra infrarouge est utilisé pour vérifier que le mode fondamental s'est établi. La différence de puissance entre les deux mesures rapportée à la longueur L donne l'atténuation linéique de la fibre. Le tableau suivant donne les résultats de mesure de l'atténuation linéique effectués à 1310 et 1550nm sur différentes FMAS.

	FMAS5	FMAS7	FMAS8	FMAS9	FMAS10
Section transverse					
d (μm)	1.8	1.9	2	4.2	1.75
Λ (μm)	2.4	2.4	3.3	9.5	2.25
d/Λ	0.75	0.79	0.61	0.44	0.68
α (dB/km) @ 1310nm	16	24	128	120	148
α (dB/km) @ 1550nm	12	18	136	132	192

Tab.IV.1 : Résultats de mesure de l'atténuation linéique dans différentes FMAS.

Nous remarquons que les deux premières FMAS fabriquées à Alcatel présentent moins de pertes que celles de l'IRCOM. En effet, les pertes sont pour partie dues au fait que les procédés de fabrication n'étaient pas encore optimisés lors de leur fabrication au sein de l'IRCOM en *2003* (assainissement de l'atmosphère, qualité de silice, régularité de la préforme, paramètres de fibrage...). Les pertes de propagation pour ces FMAS sont encore élevées. Des recherches sont en cours afin de minimiser ces pertes et d'avoir de faible atténuation linéique de l'ordre de quelques dixièmes de dB/Km. Une deuxième tour de fibrage est installée à l'IRCOM pour s'affranchir des problèmes de fabrication rencontrés avec la premiére tour.

IV.2 Mesure de l'aire effective des FMAS

Nous avons mesuré le diamètre du champ de mode (mode field diameter MFD) par la méthode du champ proche à *1550nm* d'une fibre FMAS de longueur égale à 2m. Cette méthode consiste à utiliser un système d'injection qui permet d'exciter le mode fondamental puisque la fibre est monomode à cette longueur d'onde. Il est important que les faces d'entrée et de sortie de la fibre à mesurer soient propres, planes et perpendiculaires à l'axe de la fibre à moins de *1°* prés. Un système optique composé d'un objectif d'agrandissement x100 est utilisé pour projeter une image agrandie du champ proche de la face de la sortie de la fibre sur le plan de détection d'une caméra CCD comme illustré par la Fig.IV.16.

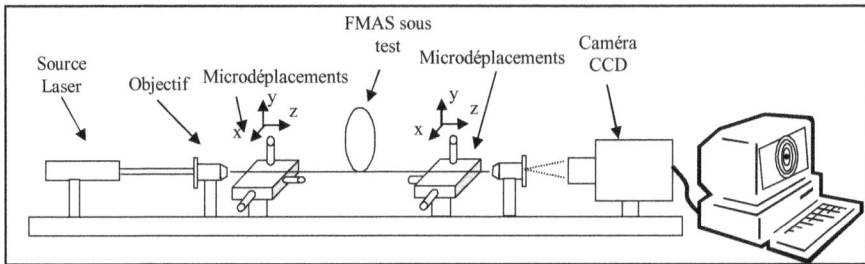

Fig.IV.16 : Banc de mesure du diamètre de champ de mode par la méthode du champ proche

Nous mesurons alors l'intensité $f^2(r)$ du champ proche en fonction de la coordonnée radiale r. Le diamètre du mode s'obtient finalement par la relation (IV.11) [100].

$$MFD = 2w = 2\left[\frac{2\int_0^\infty rf^2(r)dr}{\int_0^\infty r\left(\frac{df(r)}{dr}\right)^2 dr}\right]^{1/2} \qquad (IV.11)$$

Un calcul numérique est utilisé pour évaluer la valeur du MFD. A la sortie de la caméra CCD, nous avons donc une vue bidimensionnelle du champ proche qui permet de mesurer le diamètre du champ de mode. Un traitement informatique permet alors d'extraire de cette image bidimensionnelle une coupe selon un diamètre.

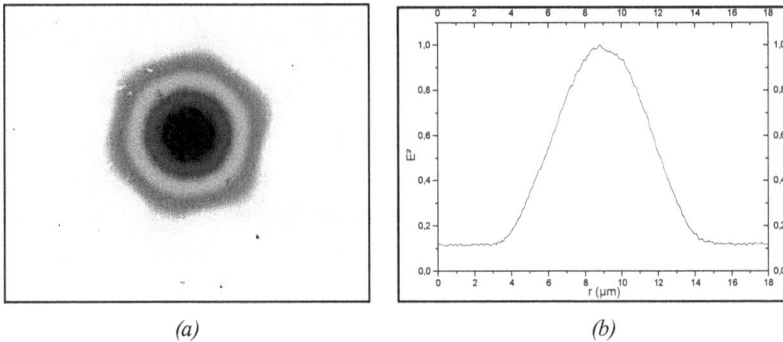

| (a) | (b) |

Fig.IV.17 : (a) Champ proche de la FMAS9 (b) Allure de l'intensité à la sortie de la FMAS9

Á partir du champ proche, l'aire effective est calculée pour différentes FMAS. Nous illustrons les résultats de mesure de l'aire effective et des diamètres de mode des fibres sous test dans le Tab.IV.2. Nous remarquons qu'il s'agit de deux types de fmas : à petite aire effective ($A_{eff} <$ $15\mu m^2$) et à grande aire effective ($A_{eff} \approx 90\mu m^2$).

Fibre	$2w_0$ (µm) @1550nm	Aire effective (µm²) @1550nm
SMF28	9.60	96
FMAS5	2.18	3.73
FMAS7	1.98	3.07
FMAS8	4.26	14.23
FMAS9	10.66	89.20
FMAS10	2.24	3.94

Tab.IV.2 : Mesure du diamètre du mode et de l'aire effective pour différentes fibres.

1V.3 Mesure des pertes aux raccordements entre SMF et FMAS

Afin de mesurer les pertes dues aux différents défauts d'alignement, nous avons monté un banc de mesure en utilisant une source Laser émettant à *1550nm* et un wattmètre optique de sensibilité égale à *10nW*. Il s'agit de positionner les deux fibres FMAS et SMF en vis-à-vis et d'induire des défauts d'alignement. Nous avons opté pour une soudeuse comme instrument d'alignement et de visualisation. Nous n'allons donc pas épissurer les fibres dans cette phase. Le banc de mesure mis en place utilise une soudeuse comme outil judicieux pour l'alignement de la fibre SMF et la fibre FMAS. L'injection de la lumière laser dans la SMF se fait via un connecteur FC/PC. La détection se fait grâce à un mesureur de puissance qui est connecté à la fibre de FMAS à l'aide d'un raccord. Dans une première étape on positionne la fibre SMF dans la soudeuse après avoir dénudé et clivé la fibre proprement. Il est important de noter que les extrémités des fibres utilisées doivent être bien clivées et polies pour réduire les pertes relatives à l'état de leurs surfaces à savoir les pertes de non perpendicularité de la face par rapport à l'axe de la fibre et les pertes de non planéité. Ensuite, nous positionnons la seconde fibre FMAS juste en face de la fibre SMF. L'étape suivante correspond au raccord de la fibre SMF et de la FMAS maintenue rectiligne de *1m* de longueur. L'état de l'alignement des deux fibres est visualisé sur l'écran de la soudeuse. Le montage réalisé pour l'étude expérimentale des pertes aux raccordements entre les FMAS et les fibres monomodes standard est présenté par la Fig.IV.18.

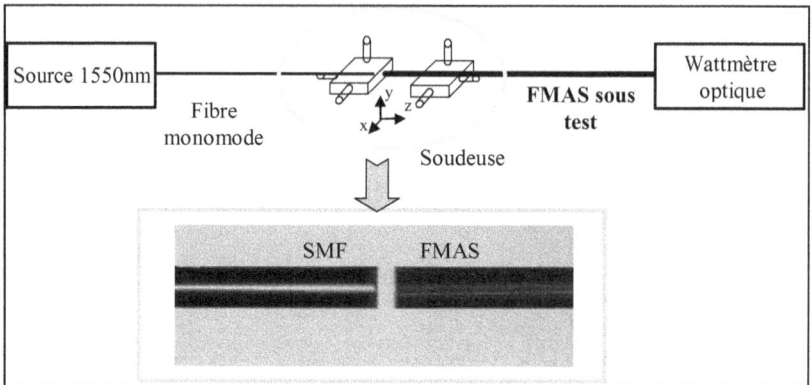

Fig.IV.18 : Banc de mesure des pertes aux raccordements [101]

Le bon alignement entre ces deux fibres sera d'abord vérifié au moyen d'une caméra CCD placée à l'extrémité de la fibre FMAS et permettant de visualiser la répartition du champ proche à la sortie de cette fibre. En fait, l'affinement de cet alignement consiste à optimiser, par les micro déplacements de l'extrémité de la fibre, la puissance au centre de la répartition visualisée. Une fois la puissance maximale atteinte, nous connectons la FMAS au mesureur de puissance. Après la préparation du montage et l'accomplissement de tous les réglages, les séries de mesures peuvent être réalisées.

IV.4 Résultats des mesures

Dans un premier temps nous avons examiné la répartition de la puissance à la sortie de la fibre FMAS à l'aide de la technique de mesure en champ lointain. Ensuite, nous avons mesuré les pertes de raccordement avec le montage décrit ci-dessus. Nous avons utilisé les fibres FMAS5, FMAS7 et FMAS9. Leurs caractéristiques ont été données dans le tableau IV.1.

Nous avons visualisé la répartition de la puissance suite à différentes valeurs d'excentrements transversaux. Nous constatons d'après la Fig.IV.19 qu'au fur et à mesure que nous décalons transversalement les extrémités de la fibre FMAS par rapport à la position optimale ($\delta=0$), nous assistons à une diminution de la puissance du mode fondamental de la fibre FMAS. En augmentant l'excentrement transversal entre les deux axes des fibres, nous favorisons la diminution de la puissance engendrée par le mode fondamental vue que les pertes s'amplifient.

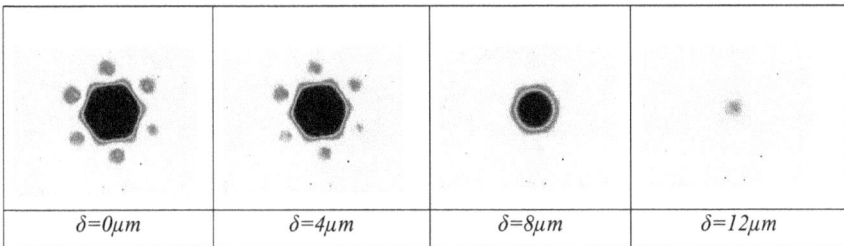

| $\delta=0\mu m$ | $\delta=4\mu m$ | $\delta=8\mu m$ | $\delta=12\mu m$ |

Fig.IV.19 : Evolution de la répartition de la puissance à la sortie de la fibre FMAS9 suite à des excentrements transversaux.

Nous avons poursuivi notre étude expérimentale par des séries de mesure des pertes de raccordement en fonction de deux défauts d'alignement à savoir : l'écartement longitudinal et l'excentrement transversal. Les excentrements transversaux sont d'abord considérés. Les pertes de couplage mesurées lors de la connexion SMF/FMASx ($x=5,7,9$) sont illustrées dans la Fig.IV.20. Comme prévu, elles augmentent en fonction de l'excentrement transversal δ. Comme la FMAS5 et la FMAS7 sont très semblables, les courbes correspondantes montrent tout à fait les mêmes pertes dues à l'excentrement transversal. Dans ces deux fibres, du fait de la grande valeur de d/Λ, la lumière est fortement confinée dans le coeur et l'aire effective demeure très petite (autour de $4\mu m^2$ @ $1550nm$). Ceci induit une sensibilité élevée des pertes de couplage à l'excentrement. Nous remarquons, une augmentation des pertes par exemple de $0.1dB$ à $3.5dB$ lorsque δ passe de $1\mu m$ à $4\mu m$. Au contraire, l'aire effective de la *FMAS9*, monomode à *1550nm* est environ $90\mu m^2$, sensiblement plus grande que les précédentes. Ceci permet d'avoir des pertes d'alignement au raccordement SMF/FMAS4 moins sensible à l'excentrement; elles restent inférieurs à *1.5dB* pour $\delta=4\mu m$. Notons que les pertes minimales au raccordement SMF/FMAS9 avec le meilleur alignement sont sensiblement inférieures aux pertes correspondantes aux raccordements SMF/FMAS5,7 grâce à une adaptation des modes des fibres à connecter.

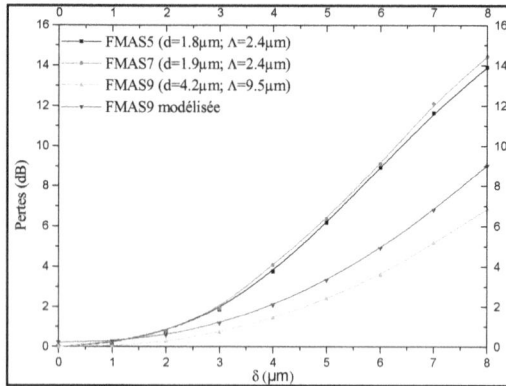

Fig.IV.20 : Pertes mesurées et simulées dues à l'excentrement transversal pour trois FMAS.

Nous considérons maintenant les pertes dues à l'écartement longitudinal. En raison de la diffraction, le mode de la fibre d'entrée est agrandi en se propageant dans l'air. Dans ce cas, les pertes augmentent en fonction de la distance de propagation. Par exemple, la Fig.IV.21 montre les pertes de couplage mesurées en considérant un raccordement de SMF au FMAS, en fonction de l'écartement longitudinal. L'augmentation des pertes est particulièrement significative pour les FMAS5 et 7 due à la grande désadaptation entre les modes de ces fibres (w_0 *(SMF28)=4.8μm* par contre w_0 *(FMAS5,7)=1μm*). Les pertes sont supérieures à *1dB* pour un écartement longitudinal z de *30μm*. Comme prévu, le raccordement entre la SMF et FMAS9 est beaucoup moins sensible à un écartement longitudinal entre les fibres. En fait, à un écartement *z=30μm* les pertes valent *0.3dB*.

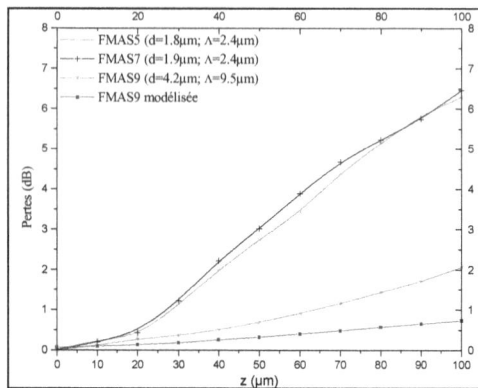

Fig.IV.21 : Pertes dues à l'écartement longitudinal pour différentes FMAS

V. Réalisations expérimentale d'épissures entre SMF et FMAS

Afin d'étudier les pertes dues aux épissures, nous avons réalisé des essais de raccordement des FMAS par soudure à une fibre standard monomode. Les FMAS considérées présentent différents paramètres géométriques. L'épissure des deux fibres est réalisée par fusion grâce à un arc électrique. Une soudeuse permet d'ajuster l'alignement entre les deux fibres, de contrôler l'état de surfaces des faces clivées, avant de chauffer l'extrémité des deux fibres avec un arc électrique. Il est possible de modifier l'intensité et la durée de l'arc électrique afin d'optimiser la qualité de la soudure. La caractérisation des pertes par soudure se déroule en deux étapes : l'optimisation des paramètres de soudure puis la mesure des pertes aux raccordements. La fibre monomode est connectée à son entrée à une source optique émettant à $1.55\mu m$. La sortie de la fibre standard est placée dans la soudeuse ainsi que l'entrée de la FMAS. La sortie de la FMAS est connectée à un mesureur de puissance. A chaque soudure, l'alignement des fibres est ajusté en optimisant la puissance optique transmise. Lorsque l'alignement est satisfaisant, la puissance optique obtenue est relevée et comparée à celle mesurée après la soudure des deux fibres. Les pertes relevées permettent de comparer la qualité de la soudure quand nous changeons les paramètres de soudure. Lorsque la soudure est enfin optimisée, ces pertes sont caractérisées en mesurant la puissance optique juste en amont et en aval de la soudure. En achevant cette étude avec la FMAS9 ayant pour paramètres $d=4.2\mu m$ et $\Lambda=9.5\mu m$, nous représentons la variation des pertes en fonction du courant de fusion en ajustant les autres paramètres de la soudure.

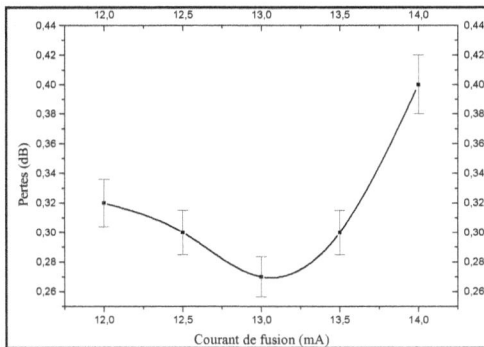

Fig.IV.22. Mesure des pertes après fusion en fonction du courant de fusion pour la FMAS9

L'étude menée dans cette partie montre que les pertes par épissure peuvent être optimisées en fonction des paramètres de la soudure à savoir le courant et le temps de fusion et dépendent de la structure physique de la fibre. Pour chaque fibre, une étude des paramètres optimaux doit être faite afin de garantir de meilleurs résultats quant aux pertes de fusion. Ces pertes sont logiquement faibles étant donnée la petite différence entre la taille du mode de la fibre standard (diamètre du champ ≈9.5μm à 1,55μm) et celui de la FMAS9 (diamètre de mode ≈10.5μm). Ainsi, la puissance émise par la SMF est transmise dans la FMAS9 avec des pertes évaluées à ≈0.27dB. Les pertes les plus faibles ont été obtenues pour une intensité de l'arc électrique de 13mA et une durée de 2s. Notons que le programme automatique de la soudeuse pour le raccordement de deux fibres monomodes standard propose une intensité de 14.5mA et une durée comprise entre 0.6 et 10s. Nous avons mesuré les pertes minimales d'épissure de quelques FMAS. Nous avons trouvé des pertes évaluées à 0.4dB et 0.45dB pour la FMAS5 et la FMAS7 respectivement. L'intensité de l'arc électrique était 16.5mA pour la FMAS5 et 15.5mA pour la FMAS7. Toutefois, les pertes mesurées doivent être effectués après l'établissement du mode fondamental car en réalité des modes à fuite sont excités dans la FMAS au niveau du raccordement. Ces modes portent une grande partie de l'énergie et apparemment ne sont pas encore évacués après 2mm et 4cm de propagation. Afin de vérifier cette hypothèse, nous avons réalisé une imagerie en champ proche du champ émergeant de la FMAS à 2mm et à 4cm de la soudure comme illustré dans la Fig.IV.23 :

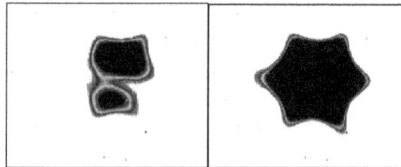

Fig.IV.23 : Champ proche enregistré en sortie de la FMAS raccordée par épissure à une fibre standard (a) à 2mm et (b) à 4cm en aval de la soudure.

A 2mm de la soudure, la figure modale déformée enregistrée confirme la présence de modes d'ordres supérieurs dans la FMAS. A 4cm de la soudure, l'énergie de ces modes est trop faible pour qu'on puisse détecter leur présence en observant le champ proche émergeant de la FMAS.

VI. Conclusion

Dans ce chapitre, nous avons caractérisé les pertes aux raccordements entre les fibres standard et les FMAS. L'étude des caractéristiques des pertes aux raccordements entre les fibres monomodes standard et les FMAS en fonction de leur profil d'indice a permis de montrer la dépendance de ces pertes aux défauts de raccordement et aux paramètres optogéométriques. Le banc de mesure des pertes aux raccordements que nous avons mis en place à l'IRCOM permet de caractériser les pertes dues aux défauts de raccordements.

Les écarts entre les prévisions théoriques et les résultats expérimentaux sont toutefois acceptables vu que nous avons simulé des fibres idéalisées où les imperfections géométriques des fibres réelles ne sont pas prises en compte. L'incertitude sur les paramètres optogéométriques en est aussi une autre cause d'incertitude. Enfin, nous avons réalisé quelques épissures pour prouver que les FMAS peuvent être insérées dans les lignes de transmission.

Chapitre V Etude expérimentale de la génération du supercontinuum dans les FMAS

I. Introduction

La génération de supercontinuum a été le sujet de nombreuses recherches théoriques et expérimentales et a été observé dans une large gamme de milieux non linéaires notamment les fibres optiques en silice. Récemment, un regain d'intérêt dans ce domaine de recherche est apparu avec la démonstration de la génération de supercontinuum en injectant des impulsions de forte puissance crête dans des FMAS.

Dans ce chapitre, nous décrivons dans un premier temps les divers phénomènes non linéaires dans les fibres optiques tout en mettant l'accent sur celles qui participent à la génération du supercontinuum. Dans une seconde partie, nous reportons nos résultats expérimentaux et théoriques sur l'étude de la génération de supercontinuum dans les FMAS en régime nanoseconde dans deux types de fibres.

II. Phénomènes nonlinéaires dans les fibres optiques

II.1 Effet Kerr optique

Sous l'action d'un champ optique intense, l'indice de réfraction d'un milieu transparent devient dépendant de l'intensité du champ. Ce phénomène non linéaire est connu sous le nom d'effet Kerr optique. L'indice de réfraction est alors défini de la manière suivante [29]:

$$n_{NL}(w, I(t)) = n(w) + n_2 I(t) \tag{V.1}$$

Avec $n(w)$ est l'indice de réfraction linéaire du matériau, I est l'intensité du champ optique appliqué en $W.m^{-2}$ et n_2 le coefficient non linéaire de l'indice. La non linéarité d'une fibre optique est généralement définie à partir de son coefficient non linéaire, tel que :

$$\gamma = \frac{2\pi n_2}{\lambda A_{eff}}$$ (V.2)

Avec A_{eff} l'aire effective du mode optique a la fréquence w_0. Notons que la faible valeur de l'indice de réfraction non linéaire d'une fibre optique, en comparaison à d'autres matériaux fortement non linéaires, est largement compensée par le fort confinement du mode optique ainsi que par la longueur de la fibre sur laquelle les effets non linéaires peuvent se cumuler.

II.1.1. Auto modulation de phase

Une des applications les plus directes de l'effet Kerr optique dans une fibre optique est le processus d'auto modulation de phase qui affecte les impulsions lumineuses. Un champ suffisamment intense qui se propage dans une fibre de longueur L subit un déphasage non linéaire dont la valeur est donnée par la relation suivante [29]:

$$\Delta\Phi_{SPM} = n_2 k_0 IL = \gamma PL$$ (V.3)

avec k_0 le vecteur d'onde, I l'intensité lumineuse, et P la puissance moyenne injectée. Ce déphasage, en raison de la dépendance de la fréquence d'une onde vis à vis de sa phase instantanée se traduit par un élargissement spectral symétrique d'impulsions brèves et symétriques injectées en entrée de fibre.

L'auto-modulation de la phase (SPM, Self Phase Modulation) d'une impulsion est la manifestation directe de la dépendance d'indice de réfraction vis-à-vis de l'intensité. C'est la combinaison de cet effet avec celui de dispersion chromatique qui est à l'origine de l'existence des solitons. La dépendance quasi instantanée en intensité lumineuse de l'indice de réfraction conduit l'impulsion optique à moduler sa propre phase suivant son profil temporel en intensité $I(t)$.

$$\omega(t) = -\frac{d\phi_{NL}}{dt} \propto -n_2 \frac{dI(t)}{dt}$$ (V.4)

La *SPM* implique un élargissement de fréquence au cours de la propagation dans la fibre. Ainsi, des fréquences inférieures à la fréquence initiale de l'impulsion sont générées sur le front montant de l'impulsion (aile Stokes), et des fréquences supérieures sur le front descendant (aile anti-Stokes). Elle se traduit par l'accumulation d'une phase non linéaire générée au cours de la propagation et qui va engendrer, contrairement à la dispersion, un élargissement du spectre des impulsions.

II.1.2. Modulation de phase croisée

Dans le cas ou deux ondes intenses de longueurs d'onde différentes se propagent dans une fibre optique, chaque champ est susceptible d'engendrer sa propre SPM et également de subir un déphasage non linéaire supplémentaire induit par l'autre onde. On appelle ce phénomène l'inter-modulation de phase (XPM, Cross Phase Modulation) et le déphasage supplémentaire reçu par la première onde s'écrit sous la forme suivante :

$$\Delta\Phi_{XPM}^{SUP} = 2n_2 k_0 I_2 L = 2\gamma P_2 L \qquad (V.5)$$

Avec I_2 et P_2 sont l'intensité et la puissance respectivement de la deuxième onde. L'élargissement spectral induit sur chaque onde est rendu asymétrique par la différence de vitesse de groupe des deux ondes. Cette différence de vitesse peut être induite également par biréfringence, entre les deux composantes de polarisation d'une impulsion de longueur d'onde unique qui subissent une inter-modulation de phase dégénérée.

II.1.3. Mélange à quatre ondes

Lorsque plusieurs ondes de longueurs d'onde différentes se propagent dans une fibre optique, leur battement créé également par effet Kerr optique un réseau d'indice qui, par diffraction temporelle, est susceptible de générer de nouvelles fréquences. Lorsque les intensités des deux ondes sont très différentes, il peut alors y avoir transfert d'énergie par diffraction de l'onde la plus forte (appelée pompe) vers l'onde la plus faible (appelée signal). Ce phénomène s'appelle le mélange à quatre ondes (FWM, Four-Wave Mixing). Le processus de mélange à quatre ondes est aussi décrit par l'annihilation de deux photons, dits de pompe (de fréquences identiques pour un processus dégénéré), et la création de deux autres photons à des fréquences caractéristiques, symétriques par rapport à la pompe, permettant de respecter la conservation de l'énergie et des moments. Un photon de pulsation ω_s est créé à une fréquence inférieure à celle de la pompe (génération Stokes), un autre de pulsation ω_{as} de fréquence supérieure à celle de la pompe (génération anti-Stokes).

$$2\omega_p = \omega_s + \omega_{as} \tag{V.6}$$

L'écart spectral entre les bandes Stokes et pompe, anti-Stokes et pompe, est donné par

$$d\Omega = \omega_p - \omega_s = \omega_{as} - \omega_p \tag{V.7}$$

Cette conversion paramétrique de fréquences est d'autant plus efficace dans les fibres optiques unimodales qu'une condition d'accord de phase peut être satisfaite entre les différents vecteurs d'onde mis en jeu, chaque onde étant soumise à des effets de phase dus à la dispersion de vitesse de groupe, à la dispersion de polarisation et au déphasage non linéaire.

Nous remarquons que l'étude des effets non linéaires nécessite la connaissance des plusieurs propriétés optiques tel que l'aire effective de la FMAS, le coefficient de non linéarité, la dispersion chromatique et la biréfringence. Donc, afin de comprendre le mécanisme de la génération du supercontinuum, la détermination de ces propriétés optiques des FMAS s'avère nécessaire.

III. Propriétés optiques des FMAS

III.1 Caractéristiques géométriques des FMAS

Les figures Fig.V.1.a et Fig.V.1.b présentent deux images de coupe transversale réalisées au microscope électronique à balayage (MEB) des FMAS utilisées fabriquées par « Crystal Fibers ».

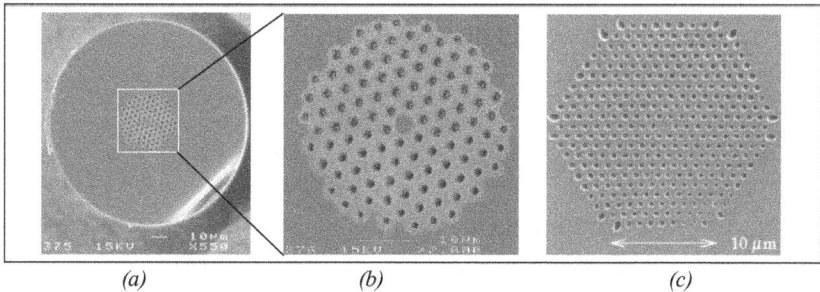

(a)　　　　　　　(b)　　　　　　　(c)

Fig.V.1 : (a) Photographie de la FMAS11 obtenue au MEB, Zoom sur la partie guidante (b) de la FMAS11 (c) de la FMAS12.

Les trous d'air des deux FMAS sont positionnés selon une maille triangulaire. Les paramètres géométriques des deux FMAS sont donnés dans le Tab.V1 :

Caractéristique	FMAS11	FMAS12
Diamètre du trou (d)	1.5 µm	0.88µm
Pas entre les trous (Λ)	3.2µm	1.39µm
Fraction de remplissage (d/Λ)	0.47	0.63
Diamètre du cœur (d_c)	4.9µm	1.9µm

Tab.V.1 : Paramètres géométriques des deux FMAS.

III.2 Caractéristiques de biréfringence des FMAS

Nous avons simulé dans un premier temps la distribution du champ électrique dans les deux FMAS (voir l'image de la distribution du champ pour la FMAS12 en insert dans la Fig.V.3). Afin de déterminer les propriétés optiques des deux FMAS, nous avons tracé la variation de l'indice effectif du mode fondamental en fonction de la longueur d'onde de *350nm* à *1700nm* comme illustré dans la Fig.V.2.

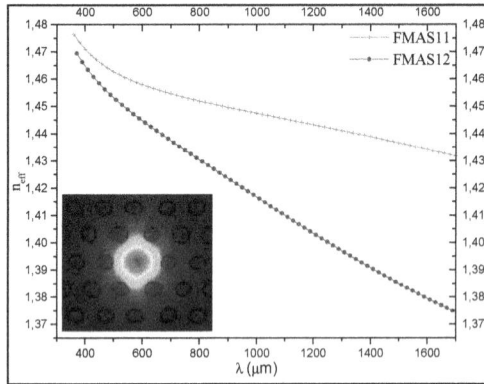

Fig.V.2: Variation de l'indice effectif du mode fondamental en fonction de la longueur d'onde pour les deux FMAS.

Étant données la faible dimension de coeur, la forte fraction de remplissage d'air et la différence d'indice coeur gaine associées à la FMAS11, la variation de l'indice effectif de son mode fondamental est plus importante. L'indice effectif du mode fondamental varie de *1.4634* à *400nm* jusqu'à *1.3748* à *1700nm*. Par contre, nous remarquons une variation de l'indice effectif du mode fondamental de la FMAS1 plus lente, une décroissance de *1.4710* à *1.4322* lorsque la longueur d'onde passe de *400nm* à *1700nm*. A l'aide des courbes tracées dans la

Fig.V.3, nous avons pu déduire l'évolution de la biréfringence de phase en fonction de la longueur d'onde pour les deux FMAS.

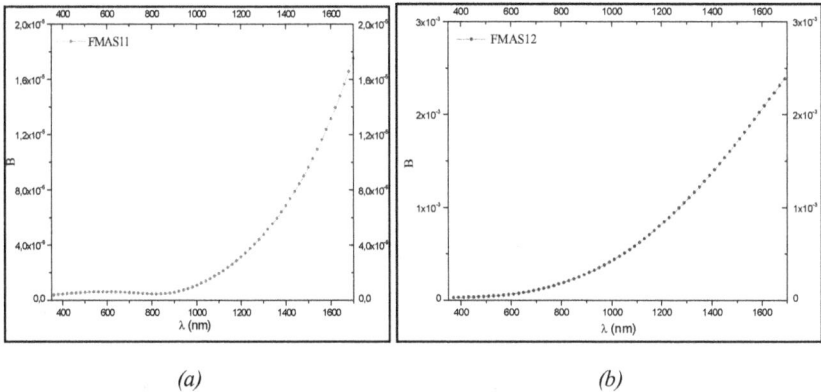

(a)   (b)

Fig.V.3: Évolution de la biréfringence de phase en fonction de la longueur d'onde (a) pour la FMAS10 (b) pour la FMAS11.

Nous constatons que la FMAS12 est fortement biréfringente et présente une biréfringence de phase égale à $5.3 \ 10^{-4}$ à $\lambda=1060nm$. Par contre, à cette longueur d'onde, la FMAS11 possède une biréfringence de phase égale à $1.56 \ 10^{-6}$.

III.3 Caractéristiques de dispersion chromatique des FMAS

Pour une bonne compréhension de la génération du supercontinuum, il est important de calculer les caractéristiques de dispersion chromatique du mode fondamental. Nous avons calculé la dispersion chromatique du mode fondamental pour les deux FMAS en fonction de la longueur d'onde, de *400* à *1700nm*. Les résultats apparaissent sur la Fig.V.4. Nous constatons sur que la longueur d'onde de zéro de dispersion pour la FMAS11 est située autour de *1040nm*. Alors que, la FMAS12 possède deux longueurs d'onde de zéro de dispersion à savoir *745nm* et *1175nm*.

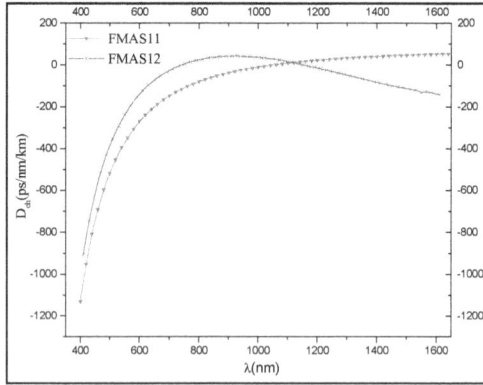

Fig.V.4: Dispersion chromatique du mode fondamental des deux FMAS.

III.4 Caractéristiques de l'aire effective des FMAS

Parallèlement à la dispersion, la non linéarité contribue également à la déformation d'un paquet d'ondes lors de sa propagation, en raison par exemple de la modification locale de l'indice de réfraction par laquelle l'effet Kerr se manifeste. La non linéarité s'impose donc comme objet d'étude, au même titre que la dispersion. Il est possible d'apprécier l'importance des effets non linéaires grâce à l'introduction de l'aire effective.

Les FMAS présentant des aires effectives de grandes tailles pourraient propager des faisceaux extrêmement puissants sans exciter des effets non linéaires indésirables. A l'inverse, le fort confinement du mode fondamental dans une FMAS avec une aire effective réduite peut être utilisé pour exalter les effets non linéaires. Le fait que les FMAS sont susceptible de présenter une dispersion anormale pour des longueurs d'onde plus courtes que dans les fibres conventionnelles rend le processus de génération de supercontinuum plus facile. En exploitant le fort confinement du champ et la possibilité d'obtenir une longueur d'onde de dispersion nulle à la longueur d'onde de travail, la génération efficace de continuum très large bande dans les fibres microstructurées a été observée en utilisant des sources laser nanoseconde. La Fig.V.5 met en évidence une aire effective de la FMAS11 qui croît de *16.3μm²* à *22.4μm²* lorsque la longueur d'onde *λ* passe de *400nm* à *1700nm*, alors que l'aire effective de la FMAS12 passe de *1.79μm²* à *7.77μm²*.

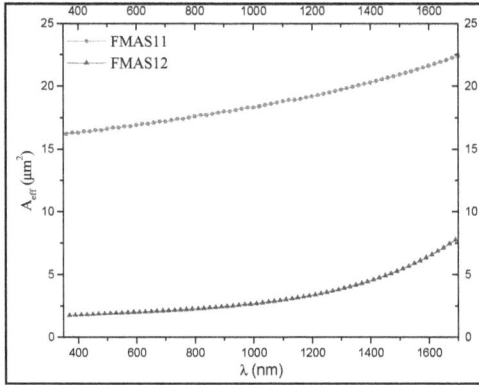

Fig.V.5: Aire effective du mode fondamental des deux FMAS.

A *1064nm*, la FMAS12 est fortement non linéaire vue que le champ électrique est très confiné dans le cœur et elle a une aire effective de $2.85\mu m^2$ tandis que la FMAS11 possède une aire effective de $18.55\mu m^2$. Dans ce cas, le coefficient non linéaire γ vaut $7.95W^{-1}.Km^{-1}$ pour la FMAS11 et $51.77W^{-1}.Km^{-1}$ pour la FMAS12 à $\lambda=1064nm$.

IV. Génération du supercontinuum en régime nanoseconde

IV.1 Montage Expérimental

La Fig.V.6 décrit le banc expérimental de la génération du supercontinuum dans les deux FMAS. La source de pompage est un laser Nd:YAG dont la longueur d'onde est égale à *1064nm*, de fréquence de répétition *10Hz*, de durée d'impulsion *10ns*. Ce laser est doublé en fréquence dans un cristal de KTP de type II. Un laser He-Ne est utilisé pour faciliter l'alignement du système optique. Ensuite, Le faisceau lumineux monomode en sortie du laser est injecté dans la FMAS à l'aide d'un objectif de microscope *x 40* (*O.N = 0.65*). La FMAS a pour longueur *20m*. En fait, la longueur intervient dans l'établissement des effets non linéaires. En sortie de fibre, les caractéristiques spectrales du faisceau lumineux sont observées à l'aide d'un système de détection constitué d'un monochromateur, d'un détecteur, d'un oscilloscope et d'un ordinateur pour l'acquisition du spectre.

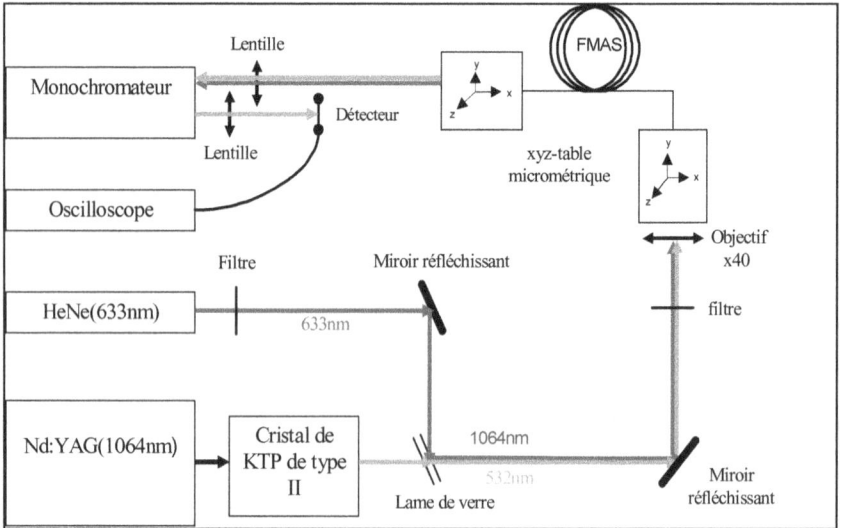

Fig.V.6: Montage expérimental pour la génération du supercontinuum dans les FMAS.

Fig.V.7: Photographie du montage expérimental.

Dans un premier temps, nous avons examiné les conditions d'injection dans une FMAS de longueur *20m*. Nous avons trouvé qu'à la longueur d'onde *1064nm* dans notre FMAS, les conditions d'injection pouvaient facilement être modifiées. Nous avons procédé à une étude détaillée de ces conditions d'injection particulières qui mènent à une destruction de la face d'entrée de la FMAS. Nous avons vérifié soigneusement quelques images MEB des fibres dont l'injection était mauvaise. La Fig.V.8 montre que les conditions d'injection étaient mauvaises et par suite en augmentant la puissance de la pompe la face d'entrée de la FMAS se détruit. Ceci peut être expliqué par le fait que soit la fibre est mal positionnée et le faisceau intense frappe sur les bords de la face soit par un choc thermique qui s'établit au moment où la puissance est élevée entre la section de la FMAS et le faisceau lumineux.

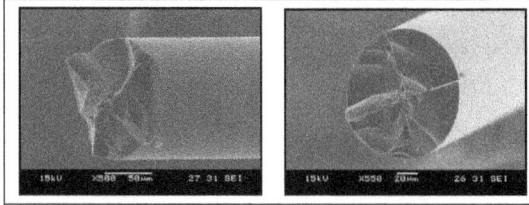

Fig.V.8: Faces d'entrée des fibres endommagées à cause d'une mauvaise injection.

IV.2 Résultats expérimentaux et Interprétations

Après quelques réglages de l'injection du faisceau pompe, de longueur d'onde *1064nm*, en entrée de fibre, nous avons observé la formation d'un continuum large bande en sortie de la FMAS. L'évolution de la formation du continuum en fonction de la puissance incidente a alors été étudiée en commandant la source Nd :YAG afin de perturber le moins possible les conditions de couplage en entrée de la FMAS. La Fig.V.10 représente les spectres mesurés correspondants en fonction de la puissance crête injectée dans la FMAS11.

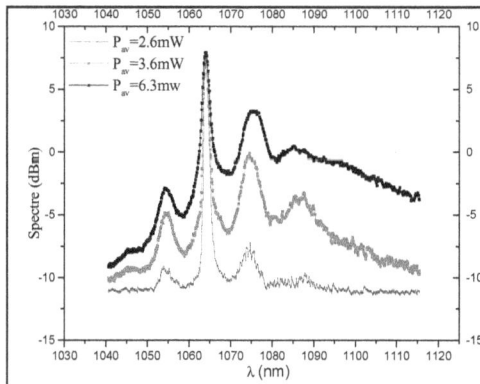

Fig.V.9: Evolution du spectre en fonction de la puissance moyenne de la pompe.

L'augmentation de la puissance injectée à *1064nm* mène, dans un premier temps, à l'élargissement de la première composante Stokes à *1075nm*, suivi de la génération d'une seconde composante Stokes moins distincte autour de *1087nm*, et d'une composante anti-Stokes à *1054nm* en injectant dans la FMAS11 uniquement l'onde de pompe infrarouge à

1064nm. Celle-ci se propage en régime de dispersion anormale et engendre le développement du spectre vers les longueurs d'onde infrarouges plus hautes. On obtient alors un continuum lisse s'étendant sur plus de *700nm* (bande limitée par l'analyseur de spectre utilisé lors des mesures), comme la montre la Fig.V.10. Aucun pic d'absorption des ions *OH⁻* n'apparaît sur le spectre. Ceci s'explique par la nature de la silice utilisée lors de la fabrication de la préforme de la fibre microstructurée.

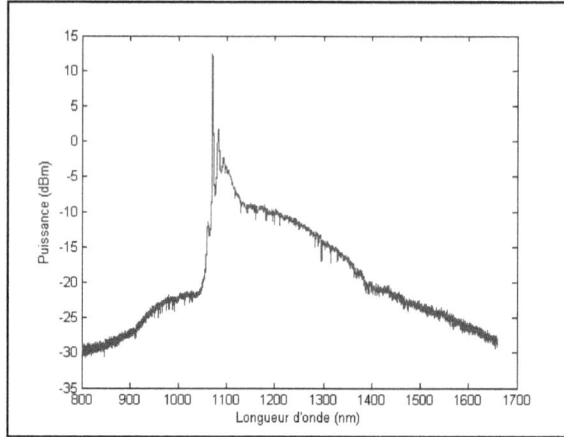

Fig.V.10: Spectre obtenu pour la FMAS11.

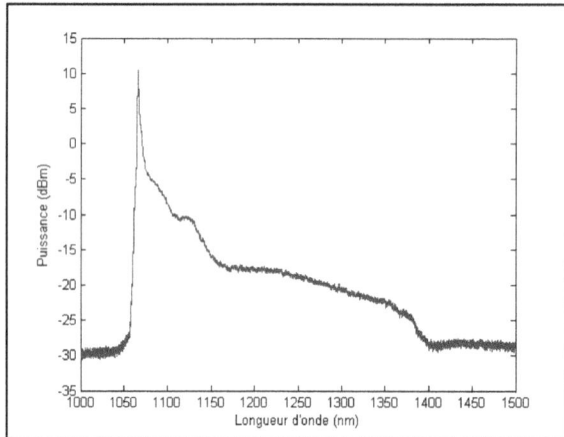

Fig.V.11: Spectre obtenu pour la FMAS12 [102].

Les résultats expérimentaux des figures précédentes peuvent maintenant être expliqués en considérant les interactions non linéaires et dispersives qui se produisent pour le mode fondamental. En Effet, nous remarquons la dépendance de la formation du supercontinuum en régime nanoseconde de deux paramètres intéressants à savoir la longueur d'onde du zéro de dispersion et de l'effet non linéaire [103].

Ayant une longueur d'onde de zéro de dispersion (ZDW) égal à *1040nm*, la fibre FMAS11 nous a permis d'obtenir un spectre qui s'étend de *800nm* à *1700nm*. Cette fibre présente l'avantage d'avoir un ZDW proche de la longueur d'onde de la pompe. Malgré que la fibre FMAS12 soit fortement non linéaire et a deux ZDW, le spectre obtenu ne reflète pas ces propriétés. En fait le spectre généré avait seulement *350nm* de largeur. La chute de puissance à *1400nm* peut être expliquée par le fait que la fibre FMAS12 présente un pic d'absorption des ions OH^- à cette longueur d'onde.

La génération des spectres expérimentaux des figures (Fig.V.10-11) peut être expliquée par une contribution des effets non linéaires décrits dans la première section. Les caractéristiques de dispersion de la FMAS, présentées dans la section précédente, révèlent l'importance du processus de FWM pour la génération du supercontinuum. Pour cela, nous avons calcule la courbe d'accord de phase du processus paramétrique où deux photons pompes dégénérés produisent un photon Stokes et un photon anti-Stokes. Les conditions d'accord de phase requièrent que :

$$\begin{cases} \omega_s + \omega_{as} = 2\omega_p \\ \dfrac{n_s\omega_s}{c} + \dfrac{n_{as}\omega_{as}}{c} - 2\dfrac{n_p\omega_p}{c} + 2\gamma P_0 = 0 \end{cases} \qquad (V.8)$$

Ou n_s, n_{as}, n_p sont respectivement les indices effectifs calculés pour le mode fondamental aux longueurs d'onde anti-Stokes, Stokes et pompe, P_0 est la puissance de la pompe et γ le coefficient de non linéarité.

Comme nous pouvons le constater d'après le système des équations précédentes, les variations de la dispersion de vitesse de groupe autour de ZDW permettent un accord de phase pour le processus de FWM sur un intervalle spectral très large. Les longueurs d'onde de pompe situées dans le régime de dispersion normale sont accordées en phase avec des couples de longueurs d'onde Stokes et anti-Stokes qui s'étendent sur toute la région spectrale visible et proche infrarouge. Pour des longueurs d'onde de pompe supérieures à ZDW du mode fondamental, le terme de déphasage non linéaire $2\gamma P_0$ est en revanche nécessaire pour faire apparaître l'instabilité de modulation en régime de dispersion anormale, sur une faible plage de longueur d'onde Stokes et anti-Stokes. De plus, il est fort probable que les fluctuations de ZDW du mode fondamental autour de la valeur calculée de *1064nm* favorisent la réalisation de cet accord de phase.

V. Conclusion

Dans ce chapitre, nous avons étudié la génération de supercontinuum dans les fibres microstructurées pour le régime impulsionnel nanoseconde. Nous avons cité les principaux effets non linéaires qui interviennent dans la génération du supercontinuum. Ensuite, en fonction de la puissance moyenne de la pompe, nous avons observé que le supercontinuum pouvait être généré par l'excitation du mode fondamental LP_{01}.

Nous avons déterminé les propriétés optiques des FMAS utilisées pour comprendre les processus mis en jeu dans la génération de supercontinuum. Nous avons prouvé l'influence du zéro de dispersion et du coefficient non linéaire de la fibre sur les spectres obtenus. En régime nanoseconde, la dynamique de formation du supercontinuum s'explique essentiellement par un processus de mélange à quatre ondes. D'un point de vue pratique, le spectre généré peut être employé en biophotonique pour réaliser des images de matériaux biologiques par tomographie.

Conclusion Générale

Le travail de recherche mené au cours de cette thèse a porté sur l'étude théorique et expérimentale des propriétés optiques des fibres microstructurées air/silice (FMAS) à guidage par réflexion totale interne afin d'évaluer leur application dans des systèmes de télécommunications optiques. Ce nouveau type de fibre a la particularité de présenter des caractéristiques de guidage nouvelles par rapport à une fibre standard. Les FMAS possèdent des caractéristiques intéressantes qui dépendent de leurs géométries. Nous avons passé en revue certaines applications potentielles obtenues grâce aux propriétés originales des FMAS et des techniques de fabrications existantes en soulignant leurs complémentarités.

La réalisation de ce travail a comporté quatre étapes qui nous ont amené aux conclusions suivantes. Au cours de la première étape, nous avons cherché un modèle permettant de modéliser correctement la propagation dans les FMAS. Nous avons choisi de focaliser notre attention sur les méthodes modales et propagatives. Nous avons sélectionné la méthode de Galerkin vu que c'est une méthode numérique rapide, efficace, traitant des profils d'indices idéaux. Cette méthode nous a permis de dégager les propriétés originales des FMAS tel que la dispersion chromatique ajustable, le contrôle de non linéarité et de polarisation. Nous avons également adapté la méthode des éléments finis pour déterminer les propriétés optiques des FMAS réelles. Nous avons mis aussi l'accent sur la méthode du faisceau propagé vectorielle approchée par les différences finies. Cette méthode nous a permis de suivre l'évolution du champ tout au long de sa propagation dans la structure. Elle était un outil judicieux pour l'étude des pertes aux raccordements entre les fibres optiques standard et les fibres microstructurées et les pertes aux courbures.

Dans un second temps, nous avons fait une étude numérique et expérimentale de la biréfringence qui a mis en évidence la forte biréfringence non intentionnelle dans les FMAS fabriquées, pourtant conçues pour être isotropes. D'autre part, les mesures de dispersion modale de polarisation ont prouvé le caractère hautement biréfringent des FMAS conçues pour préserver la polarisation du champ pendant la propagation. A l'aide d'une étude numérique, nous avons cherché les causes à l'origine de la forte biréfringence à savoir les imperfections géométriques surtout celles qui sont introduites dans la première couronne. En fait ces points permettent de guider les fabricants de comprendre l'origine de certains phénomènes et de résoudre quelques problèmes rencontrés. Concernant l'étude de la longueur d'onde de coupure du second mode d'une FMAS nous avons adapté un banc de mesure destiné pour les fibres standard. Nous avons élaboré un programme qui nous a permis d'estimer la longueur d'onde de coupure pour faciliter la recherche du critère. Toutefois cette méthode présente quelques limites à savoir la variation de la dépendance du critère D aux imperfections géométriques dans la FMAS.

Ensuite, nous avons caractérisé les pertes aux raccordements entre les fibres standard et les FMAS. L'étude numérique et expérimentale des pertes aux raccordements entre les fibres monomodes standard et les FMAS en fonction de leur profil d'indice a prouvé la dépendance de ces pertes aux défauts de raccordement et aux paramètres optogéométriques. Les écarts entre les prévisions théoriques et les résultats expérimentaux sont attribués aux limitations du modèle théorique vu que nous avons utilisé des FMAS idéales qui ne tiennent pas compte des imperfections géométriques des FMAS réelles. Nous avons mis l'accent sur les pertes aux courbures en signalant que les raccordements SMF/ FMAS dépendent de la courbure de ces deux types de fibres. Nous avons réalisé quelques épissures dont les pertes sont faibles (de l'ordre de *0.3dB*). L'étude des pertes aux épissures a montré que chaque FMAS possède ses propres paramètres optimaux de soudure. L'insertion de ce type de fibres dans un système de transmission ne pose aucun souci du point de vue pertes d'épissures.

La dernière étape de ce travail de thèse a consisté en la génération de supercontinuum en régime impulsionnel nanoseconde dans différentes FMAS. Pour cette nous avons déterminé les propriétés optiques des FMAS utilisées pour comprendre les processus mis en jeu dans la génération de supercontinuum. Nous avons fourni une description physique de la dynamique de formation de ce continuum, au voisinage de la longueur d'onde de dispersion nulle du mode fondamental de la fibre. Nous avons prouvé l'influence du zéro de dispersion et du coefficient non linéaire de la fibre sur les spectres obtenus. Nous avons réussi à obtenir un spectre de largeur *750nm* avec une source en régime impulsionnel nanoseconde.

Nous pouvons maintenant clore ce mémoire en envisageant différentes perspectives et futurs développements basés sur ce travail de thèse. Grâce aux outils de modélisation adéquats, il serait dans un premier temps intéressant d'approfondir l'étude de l'influence des imperfections géométriques sur la dispersion chromatique et la longueur d'onde de coupure.

En effet, la variation de la dispersion chromatique étant plus importante en fonction de d/Λ lorsque Λ diminue. La précision sur Λ et d (3ème décimale) est nécessaire à l'obtention d'une telle valeur de la dispersion. Des fluctuations dans la géométrie du profil peuvent entraîner un décalage de la valeur de la dispersion chromatique. En outre, nous avons vu qu'il existe une différence entre les simulations du critère de la longueur d'onde de coupure pour les cas d'une FMAS idéale et réelle.

Il serait également fort intéressant de réaliser une étude plus approfondie sur les effets non linéaires dans les FMAS tout en exploitant efficacement les propriétés des FMAS identifiées au cours de ce travail de thèse pour la conception de nouvelles applications pour les télécommunications optiques tel que le laser à fibre sous forme de double anneau.

A travers ce mémoire de thèse, nous espérons finalement avoir donné quelques pistes qui contribueront aux progrès des transmissions par les FMAS et aideront à mieux comprendre certains phénomènes physiques encore peu ou mal maîtrisés.

Bibliographie

[1]. E. Yablonovitch, "Inhibited spontaneous emission in solid-state physics and electronics", Phy. Rev. Lett., Vol. 58, N° 20, pp. 2059-2062, 1987.

[2]. E. Yablonovitch, T.J. Gmitter, R.D. Meade, K.D. Brommer, A.M. Rappe, J.D. Joannopoulos, "Photonic band structure: the face centred cubic case employing nonsepherical atoms", Phy. Rev. Lett., Vol. 67, N° 17, pp. 2295-2298, 1991.

[3]. E. Yablonovitch, T.J. Gmitter, R.D. Meade, K.D. Brommer, A.M. Rappe, J.D. Joannopoulos, "Donnor and acceptor modes in photonic band structures", Phy. Rev. Lett., Vol. 67, N° 24, pp. 3380-3383, 1991.

[4]. T.A. Birks, P.J. Roberts, P.St.J. Russell, D.M. Atkin, T.J. Shepherd, "Full 2-D photonic bandgaps in silica/air structures", Elect. Lett., Vol. 31, N° 22, pp. 1941-1943, 1995.

[5]. K. Saitoh, M. Koshiba, "Numerical Modeling of Photonic Crystal Fibers", J. of Light. Tech., Vol. 23, N° 11, pp. 3580-3590, 2005.

[6]. Site web BLAZEPHOTONICS, http://www.blazephotonics.com/

[7]. Site web CRYSTAL FIBRE, http://www.crystal-fibre.com/

[8]. Site web REDFERNPOLYMER, http://www.redfernpolymer.com/

[9]. J.C. Knight, T.A. Birks, P.St.J. Russell, D.M. Atkin, "All-silica single-mode optical fiber with photonic crystal cladding: Errata", Opt. Lett., Vol. 22, N° 7, pp. 484-485, 1997.

[10]. J.L. Person, "Verres de sulfures : spectroscopie des ions de terres- rares, fibres microstructurées et nouvelles compositions", Thèse de doctorat, Université de Rennes 1, 2004.

[11]. T.M. Monro, P.J. Bennett, N.G.R Broderick, D.J. Richardson, "Holey fibers with random cladding distributions", Opt. Lett., Vol. 25, N° 4, pp. 206-208, 2000.

[12]. V.R.K. Kumar, A.K. George, W.H. Reeves, J.C. Knight, P.St.J. Russell, "Extruded soft glass photonic crystal fiber for ultrabroad supercontinuum generation", Opt. Exp., Vol. 10, N° 25, pp.1520-1525, 2002.

[13]. V.R.K. Kumar, A.K. George, J.C. Knight, P.St.J. Russell, "Tellurite photonic crystal fiber", Opt. Exp., Vol.11, N° 20, pp. 2641-2645, 2003.

[14]. P. Petropoulos, H.E. Heidepriem, V. Finazzi, R.C. Moore, K. Frampton, D.J. Richardson, T.M. Monro, "Highly nonlinear and anomalously dispersive lead silicate glass holey fibers", Opt. Exp., Vol. 11, N° 26, pp. 3568-3573, 2003.

[15]. M.V. Eijkelenborg, M. Large, A. Argyros, J. Zagari, S. Manos, N.A. Issa, I.M. Bassett, S.C. Fleming, R.C. McPhedran, C.M. DeSterke, N.A.C. Nicorovici, "Microstructured polymer optical fibre", Opt. Exp., Vol. 9, N° 7, pp. 319-327, 2001.

[16]. T.A. Birks, J.C. Knight, P.St.J. Russell, "Endlessly single-mode photonic crystal fiber", Opt. Lett., Vol. 22, N° 13, pp. 961-963, 1997.

[17]. F. Brechet, J. Marcou, D. Pagnoux, P. Roy, "Complete analysis of the characteristics of propagation into photonic crystal fibers, by the finite element method", Opt. Fib. Technol., Vol. 6, N° 2, pp. 181-191, 2000.

[18]. N.A. Mortensen, "Effective area of photonic crystal fibers", Opt. Exp., Vol. 10, N° 7, pp. 341-348, 2002.

[19]. M.D. Nielsen, N.A. Mortensen, "Photonic crystal fiber design based on the V-parameter", Opt. Exp., Vol. 11, N° 21, pp. 2762-2768, 2003.

[20]. F. Bahloul, M. Zghal, R. Chatta, R. Attia, "Modelling Microstructured Optical Fibers", Proc. IEEE-EURASIP ISCCSP, pp. 647-650, 2004.

[21]. M. Zghal, F. Bahloul, R. Chatta, R. Attia, D. Pagnoux, P. Roy, G. Melin, L. Gasca, "Full Vector Modal Analysis of Microstructured Optical Fibre Propagation Characteristics", Proc. of Spie, Vol. 5524, pp. 313-322, 2004.

[22]. J. Broeng, D. Mogilevstev, S.E. Barkou, A. Bjarklev, "Photonic crystal fibers: A new class of optical waveguides", Opt. Fib. Technol., Vol. 5, pp. 305-330, 1999.

[23]. A.O. Blanch, J.C. Knight, W.J. Wadsworth, J. Arriaga, B.J. Mangan, T.A. Birks, P.St.J. Russell, "Highly birefringent photonic crystal fibers", Opt. Lett., Vol. 25, N° 18, pp. 1325-1327, 2000.

[24]. L. Labonté, "Analyse théorique et expérimentale des caractéristiques du mode fondamental dans les fibres optiques microstructurées Air/Silice : Biréfringence, dispersion chromatique et longueur d'onde de coupure du second mode", Thèse de doctorat, Université de Limoges, 2005.

[25]. T. Ritari, T. Niemi, H. Ludvigsen, M. Wegmuller, N. Gisin, J.R. Folkenberg, A. Petterson, "Polarization-mode dispersion of large mode-area photonic crystal fibers", Opt. Comm., Vol. 226, pp. 233-239, 2003.

[26]. M.J. Steel, T.P. White, C.M. Sterke, R.C. Mcphedran, L.C. Botten, "Symmetry and degeneracy in microstructured optical fibers", Opt. Lett., Vol. 26, N° 8, pp. 488-490, 2001.

[27]. D. Pagnoux, A. Peyrilloux, P. Roy, S. Feverier, L. Labonte, S. Hillaire, "Microstructured air-silica fibres: Recent developments in modelling, manufacturing and experiment", Ann. des Télécom., Vol.58, N° 9, pp. 1-37, 2003.

[28]. T.M. Monro, D.J. Richardson, N.G.R. Broderick, P.J. Bennett, "Holey Optical Fibers: An Efficient Modal Model", J. of Light. Tech., Vol. 17, N° 6, pp. 1093-1102, 1999.

[29]. G.P. Agrawal, "Non linear fiber optics", 3rd ed. Academic Press, Boston 2001.

[30]. T.M. Monro, D.J. Richardson, "Holey optical fibres: Fundamental properties and device applications", Comptes Rendues Physique, Vol. 4, pp. 175-186, 2003.

[31]. T.M. Monro, D.J. Richardson, N.G.R. Broderick, P.J. Bennett, "Modeling large air fraction holey optical fibers", J. of Light. Tech., Vol. 18, N° 1, pp. 50-56, 2000.

[32]. J.H. Lee, P.C. Teh, W. Belardi, M. Ibsen, T.M. Monro, D.J. Richardson, "A tunable WDM wavelength converter based on cross-phase modulation effects in normal dispersion holey fiber", Photon. Tech. Lett., Vol. 15, N° 3, pp. 437-439, 2003.

[33]. Site web université Bath, http://www.bath.ac.uk

[34]. Site web xlim, http://www.xlim.fr/fr/index.jsp

[35]. Site web ALCATEL http://www.alcatel.fr/

[36]. B. Bourliaguet, C. Paré, "Applications des fibres microstructurées'', site web : ofl.phys.polymtl.ca/ogp8/c/Bourliaguet_c.pdf

[37]. L.P. Shen, W.P. Huang, G.X. Chen, S.S. Jian, "Design and optimization of photonic crystal fibers for broad-band dispersion compensation", Photon. Tech. Lett., Vol. 15, N° 4, pp. 540-542, 2003.

[38]. A. Ferrando, E. Silvestre, P. Andres, J.J. Miret, M.A. Andres, "Designing the properties of dispersion-flattened photonic crystal fibers", Opt. Exp., Vol. 9, N° 13, pp.687-697, 2001.

[39]. W.H. Reeves, J.C. Knight, P.St.J. Russell, P.J. Roberts, "Demonstration of ultra-flattened dispersion in photonic crystal fibers", Opt. Exp., Vol. 10, N° 14, pp. 609-613, 2002.

[40]. K.P. Hansen, "Dispersion flattened hybrid-core nonlinear photonic crystal fiber", Opt. Exp., Vol. 11, N° 13, pp. 1503-1509, 2003.

[41]. K. Saitoh, M. Koshiba T. Hasegawa, E. Sasaoka, "Chromatic dispersion control in photonic crystal fibers: application to ultra-flattened dispersion", Opt. Exp., Vol. 11, N° 8, pp. 843-852, 2003.

[42]. A. Huttunen, P. Törmä, "Optimization of dual-core and microstructure fiber geometries for dispersion compensation and large mode area", Opt. Exp., Vol. 13, N° 2, pp. 627-635, 2005.

[43]. E. Kerrinckx, L.Bigot, G. Bouwmans, M. Douaay, Y. Quiquempois, S. Fasquel, X. Mélique, D. Lippens, O. Vanbésien, "Conception de fibre à cristal photonique à l'aide d'un algorithme génétique", 23èmes Journées Nationales d'Optique Guidée, pp. 153-155, 2004.

[44]. J.K. Ranka, R.S. Windeler, A.J. Stentz, "Visible continuum generation in air-silica microstructure optical fibers with anomalous dispersion at 800 nm", Opt. Lett., Vol. 25, N° 1, pp. 25-27, 2000.

[45]. M.D. Nielsen, J.R. Folkenberg, N.A. Mortensen, "Singlemode photonic crystal fibre with effective area of 600 µm2 and low bending loss", Elect. Lett., Vol. 39, N° 25, pp. 1802-1803, 2003.

[46]. T.A. Birks, D. Mogilevtsev, J.C. Knight, and P.St.J. Russell, "Dispersion compensation using single-material fibers", Photon. Tech. Lett., Vol. 11, N° 6, pp. 674-676, 1999.

[47]. E.S. Hu, Y.L. Hsueh, M.E. Marhic, L.G. Kazovsky, "Design of Highly-Nonlinear Tellurite Fibers with Zero Dispersion Near 1550nm", ECOC, paper 3.2.3, 2002.

[48]. K. Suzuki, H. Kubota, S. Kawanishi, M. Tanaka, M. Fujita, "Optical properties of a low-loss polarization-maintaining photonic crystal fiber", Opt. Exp., Vol. 9, N° 13, pp. 676-680, 2001.

[49]. C. Kerbage, P. Steinvurzel, P. Reyes, P.S. Westbrook, R.S. Windeler, A. Hale, B.J. Eggleton, "Highly tunable birefringent microstructured optical fiber", Opt. Lett., Vol. 27, N° 10, pp. 842-844, 2002.

[50]. C. Kerbage, P. Steinvurzel, A. Hale, R.S. Windeler, B.J. Eggleton, "Microstructured optical fibre with tunable birefringence", Elec. Lett., Vol. 38, N° 7, pp. 310-312, 2002.

[51]. J. Limpert, N.D. Robin, I.M. Hönninger, F. Salin, F. Röser, A. Liem, T. Schreiber, S. Nolte, H. Zellmer, A. Tünnermann, J. Broeng, A. Petersson, C. Jakobsen, "High-power rod-type photonic crystal fiber laser", Opt. Exp., Vol. 13, N° 4, pp. 1055-1058, 2005.

[52]. Y.L. Hoo, W. Jin, H.L. Ho, D.N. Wang, R.S. Windeler, " Evanescent-wave gas sensing using microstructure fiber", Opt. Eng., Vol. 41, N°1, pp. 8-9, 2002.

[53]. W. Jin, H.L. Ho "Sensing with photonic crystal fibers", Proc. of SPIE, Vol. 5633, pp. 157-170, 2005.

[54]. T.M. Monro, W. Belardi, K. Furusawa, J.C. Baggett, N.G.R. Broderick, D.J. Richardson, "Sensing with microstructured optical fibres", Meas. Sci. Technol., Vol. 12, pp. 854-858, 2001.

[55]. G. Humbert, A. Malki, S. Fevrier, P. Roy, D. Pagnoux, "Electric arc-induced long-period gratings in Ge-free air-silica microstructure fiber", Elect. Lett., Vol. 39, N° 4, pp. 349-350, 2003.

[56]. G. Kakarantzas, T.A. Birks, and P.St.J. Russell, "Structural long-period gratings in photonic crystal fibers", Opt. Lett., Vol. 27, N° 12, pp. 1013-1015, 2002.

[57]. J.H. Lim, K.S. Lee, J.C. Kim, B.H. Lee, "Tunable fiber gratings fabricated in photonic crystal fiber by use of mechanical pressure", Opt. Lett., Vol. 29, N° 4, pp. 331-333, 2004.

[58]. M.A.V. Eijkelenborg, W. Padden, J.A. Besley, "Mechanically induced long-period gratings in microstructured polymer fibre", Opt. Comm., Vol. 236, pp. 75-78, 2004.

[59]. C. Kerbage, R.S. Windeler, B.J. Eggleton, P. Mach, M. Dolinski, J.A. Rogers, "Tunable devices based on dynamic positioning of micro-fluids in micro-structured optical fiber", Opt. Comm., Vol. 204, pp. 179-184, 2002.

[60]. A. Abramov, B.J. Eggleton, J.A. Rogers, R.P. Espindola, A. Hale, R.S. Windeler, T.A. Strasser, "Electrically tunable efficient broad-band fiber filter," Photon. Tech. Lett., Vol. 11, N° 4, 445-447, 1999.

[61]. J. Eggleton, C. Kerbage, P.S. Westbrook, R.S. Windeler, A. Hale, "Microstructured optical fiber devices", Opt. Exp., Vol. 9, N° 13, pp. 698-713, 2001.

[62]. F. Fogli, L. Saccomandi, P. Bassi, G. Bellanca, S. Trillo, "Full vectorial BPM modeling of index-guiding photonic crystal fibers and couplers", Opt. Exp., Vol. 10, N° 1, pp. 54-59, 2002.

[63]. A. Velchev, J. Toulouse, "Directional coupling and switching in multi-core microstructure fibers", IEEE - CLEO, pp. 866- 868, 2004.

[64]. H. Lee, "Photonic crystal fiber coupler", Opt. Lett., Vol. 27, N° 10, pp. 812-814, 2002.

[65]. S. Hilaire, "Conception, Fabrication et caractérisation des fibres microstructurées dopées Erbuim pour application aux amplificateurs", Thèse de doctorat, Université de Limoges, 2004.

[66]. A. Peyrilloux, "Modélisation et caractérisation des fibres microstructurées air/silice pour application aux télécommunications", Thèse de doctorat, Université de Limoges, 2003.

[67]. L. Provino, "Génération et amplification contrôlées de très larges bandes spectrales dans les fibres optiques conventionnelles et microstructurées" Thèse de doctorat, Université de Franche Comté, 2002.

[68]. Richardson, F. PoLetti, J.Y.Y. Leong, X. Feng, H.E. Heidepreim, V. Finazzi, K.E. Frampton, S. Asimakis, R.C. Moore, J.C. Baggett, J.R. Hayes, M.N. Petrovich, M.L. Tse, R. Amezcua, J.H.V. Price, N.G.R. Broderick, P. Petropoulos, T.M. Monro "Advances in microstructured fiber technology", Proc. of WFOPC, 4th IEEE/LEOS, pp.1-9, 2005.

[69]. H.E. Heidepreim, P. Petropoulos, R.C. Moore, K.E. Frampton, T.M. Monro, "Fabrication and optical properties of lead silicate glass holey Fbers", J. of Non-Crystalline Solids, 2004, Vol. 345, pp.293-296.

[70]. A.W. Snyder, "Optical Waveguide Theory", Chapman and Hall Eds, New York, 1983.

[71]. H. Henry, B.H. Verbeek, "Solution of the scalar wave equation for arbitrarily shaped dielectric waveguides by two-dimensional Fourier analysis", J. of Light. Tech., Vol. 7, N° 2, pp. 308-313, 1989.

[72]. D. Marcuse, "Solution of the vector wave equation for general dielectric waveguide by the Galerkin method", J. of Quant. Elect., Vol. 28, N° 2, pp. 459-465, 1992.

[73]. S.Y. Wang, W.Y. Lee, S.J. Hwang, "A Vector Galerkin's Method Based on E Fields", J. of Photon. Tech. Lett., Vol. 5, N° 12, pp. 1439-1441, 1993.

[74]. Kim, Y. Chung, U.C. Paek, D.Y. Kim, "A new numerical design tool for holey optical fibers", OECC, pp. 34-35, 2000.

[75]. S. Guo, F. Wu, S. Albin, "Analysis of circular fibers with an arbitrary index profile by the Galerkin method", Opt. Lett., Vol. 29, N° 1, pp. 32-34, 2004.

[76]. A. Bjarklev, J. Broeng, A. S. Bjarklev, "Photonic crystal fibers", Springer science, 2003

[77]. Qiu, "Analysis of guided modes in photonic crystal fibers using the finite-difference time-domain method", Microwave Opt. Tech. Lett., Vol. 30, pp. 327-330, 2001.

[78]. E. Kriezis, A.G. Papagiannakis, "A three dimensional full vectorial beam propagation method for dependent structures", J. of Quant. Elect., Vol. 33, N° 5, pp. 883-890, 1997.

[79]. E. Kerbage, B.J. Eggleton, P.S. Westbrook, R.S. Windeler, "Experimental and scalar beam propagation analysis of an air-silica microstructure fiber", Opt. Exp., Vol. 7, N° 3, pp. 113-122, 2000.

[80]. S.C.M. Lidgate, "Advanced finite difference beam propagation method analysis of complex components", thèse de doctorat, Université de Nottingham, 2004.

[81]. R. Chatta, "Exploitation de l'effet du miroir de Bragg pour l'étude et la conception d'une fibre optique à Bande Interdite Photonique", thèse de doctorat, Université de Tunis El Manar, 2003.

[82]. H.A.V. Vorst, "Bi-CGSTAB : a fast and smoothly convergent variant of Bi-CG for the solution of nonsymmetric linear system", SIAM J. Sci. Statist. Comput., Vol. 13, pp. 631-644, 1992.

[83]. G.R. Hadley, "Transparent boundary condition for the beam propagation method", J. of Quant. Elect., Vol. 28, N° 1, pp. 363-370, 1994.

[84]. W.P. Huang, C.L. Xu, W. Lui, K. Yokoyama., "The perfectly matched layer (PML) boundary condition for the beam propagation method", J. of Photon. Tech. Lett., Vol. 8, N° 5, pp. 649-651, 1996.

[85]. Labonté, D. Pagnoux, P. Roy, F. Bahloul, M. Zghal, "Numerical and experimental analysis of the birefringence of large air fraction slightly unsymmetrical holey fibres", Opt. Com., 2006.

[86]. A. Michie, J. Canning, K. Lyytikaïnen, M. Aslund, J. Digweed, "Temperature independent highly birefringent photonic crystal fibre", Opt. Exp., Vol. 12, N° 21, pp. 5160-5165, 2004.

[87]. F. Bahloul, R. Attia, M. Zghal, R. Chatta, L. Labonté, D. Pagnoux, P. Roy, "Analyse des effets des imperfections géométriques sur la biréfringence des fibres microstructurées", 18éme colloque international d'Optique Hertzienne et Diélectrique, pp. 279-283, 2005.

[88]. J.M. Blondy, A.M. Blanc, M. Clapeau, P. Facq, "Aazimuthal filtering technique for effective LP11 cutoff wavelength measurement in optical fibres", Elect. Lett., Vol. 23, N°10, pp. 522-523, 1987.

[89]. D. Pagnoux, J.M. Blondy, P. Roy, P. Di Bin, P. Faugeras, P. Facq, "Azimuthal far-field analysis for the measurement of the effective cutoff wavelength in single-mode fibers-effects of curvature, length, and index profile", J. of Light. Tech., Vol. 12, N° 3, pp.385-391, 1994.

[90]. D. Pagnoux, J.M. Blondy, P. Roy, P. Facq, "Cut-off wavelength and mode field radius determinations in monomode fibres by means of a new single measurement device", Pure Appl. Opt., Vol. 6, pp. 551-556, 1997.

[91]. A.M. Blanc, "Nouvelle méthode de mesure de la longueur d'onde d'extinction du mode LP11 des fibres optiques monomodes", thèse de doctorat, Université de Limoges, 1986.

[92]. J.R. Folkenberg, N.A.M. Kim, P. Hansen, T.P. Hansen, H.R. Simonsen, C. Jakobsen, "Experimental investigation of cutoff phenomena in nonlinear photonic crystal fibers", Opt. Lett., Vol. 28, N° 20, pp. 1882-1884, 2003.

[93]. B.T. Kuhlmey, R.C. McPhedran, C.M. Sterke, "Modal cutoff in microstructured optical fibers", Opt. Lett., Vol. 27, N° 19, pp. 1684-1686, 2002.

[94]. P. Lecoy, "Télécoms sur fibres optiques", 2ème Edition Hermes, 1997.

[95]. M.D. Nielsen, N.A. Mortensen, M. Albertsen, J.R. Folkenberg, A. Bjarklev, D. Bonacinni, "Predicting macrobending loss for large-mode area photonic crystal fibers" Opt. Exp., Vol. 12, N° 8, pp. 1775-1779, 2004.

[96]. T. Sorensen, J. Broeng, A. Bjarklev, E. Knudsen, S.E.B. Libori, "Macro-bending loss properties of photonic crystal", Elect. Lett., Vol. 37, N° 5, pp. 287-289, 2001.

[97]. I.A. Goncharenko, S.F. Helfert, R. Pregla, "Radiation loss and mode field distribution in curved holey fibers", International Journal of Electronics and Communications, Vol. 59, pp. 185-191, 2005.

[98]. J.C. Baggett, T.M. Monro, K. Furusawa, V. Finazzi, D.J. Richardson, "Understanding bending losses in holey optical fibers", Opt. Comm., Vol. 227, pp. 317-335, 2003.

[99]. M. Ammar, "Etude de l'excitation de la fibre de Bragg à bande interdite photonique par raccordement avec une fibre monomode standard", thèse de doctorat, Université de tunis El Manar, 2003.

[100]. J.P. Meunier, "Physique et technologie des fibres optiques", traité EGEM, série Optoélectronique, Hermes science publication, Paris, 2003.

[101]. F. Bahloul, M. Zghal, R. Chatta, R. Attia, D. Pagnoux, P. Roy, "Misalignment Loss at Hybrid Standard Single Mode Fibre/Microstructured Optical Fibre Connections", Proc. of SPIE, Vol. 5830, pp. 536-540, 2004.

[102]. F. Bahloul, P.L. Swart, M. Zghal, D. Schmieder, R. Attia, "Supercontinuum generation in microstructure optical fiber with two zero dispersion wavelengths", Proc. of WFOPC, 4th IEEE/LEOS, pp. 32-35, 2005.

[103]. G. Genty, "Supercontinuum generation in microstructured fiber and novel optical measurements techniques", thèse de doctorat, Helsinki University of Technology, 2004.

www.ingramcontent.com/pod-product-compliance
Lightning Source LLC
Chambersburg PA
CBHW021101210326
41598CB00016B/1280

9783838189765